NOUVELLE MÉTHODE

D'AMÉNAGEMENT ET D'EXPLOITATION

DES FORÊTS.

IMPRIMERIE DE SÉTIER,
Rue de Grenelle Saint-Honoré, n. 29.

NOUVELLE MÉTHODE

D'AMÉNAGEMENT ET D'EXPLOITATION
DES FORÊTS,

SUIVIE

DE LA TROISIÈME ÉDITION

DE

LA NOUVELLE MÉTHODE DE SEMIS,

DE PLANTATION ET D'AMÉNAGEMENT,

PAR E. TOURNEY,

Ex-Inspecteur particulier des travaux forestiers du parc de Boulogne, Professeur d'Agriculture à l'école Philosophique éclectique progressive.

PRIX : 2 FR.

PARIS,

Chez l'Auteur, Quai Saint-Paul, N° 22,
Et chez les principaux Libraires.

1832.

A Messieurs les Membres des deux Chambres.

Messieurs,

Deux honorables Pairs de France ont bien voulu me mettre à même de publier cet opuscule que je viens vous offrir.

Supprimer l'allocation de 3,669,000 francs que coûte l'administration des forêts, en lui accordant la vingt-neuvième partie du produit des éclaircies annuelles ;

Fournir ainsi aux communes forestières tout le bois dont peuvent avoir besoin ses habitans ;

Rendre à l'Agriculture les deux tiers du sol occupé par les bois, tout en augmentant les produits :

Tels sont les résultats de mon nouveau sysème d'aménagement et d'exploitation des bois, que je soumets à vos lumières.

Je suis, avec respect,

Messieurs,

Votre très-humble

serviteur,

TOURNEY.

NOUVELLE MÉTHODE

D'AMÉNAGEMENT ET D'EXPLOITATION

DES FORÊTS DES COMMUNES.

Au 8ᵉ et au 9ᵉ siècle, sous les règnes de Charlemagne et de Louis le Débonnaire, on ordonnait le défrichement des bois. Au 14ᵉ siècle, l'état des forêts n'étant plus le même, on défendit, sous des peines très-sévères, toute espèce de défrichement.

Sous les règnes de Henri II, de François II et de Charles IX, les ordonnances forestières étaient plus en harmonie avec les lois de la végétation, que celles qui ont été rendues depuis. C'est à cette législation qu'il faudrait revenir avec quelques modifications; car si elle eût subsisté, la France serait aujourd'hui riche en bois.

L'ordonnance forestière de 1669 a fait naître des troubles en France; pendant long-temps les agens forestiers ne purent exercer leurs fonctions sans occasionner des révoltes Cette situation malheureuse existe encore : il nous suffira de citer les dégats commis par les bandes appelées *de demoiselles*, en 1829 et 1830, dans les départemens méridionnaux, et surtout dans l'Ardèche ; les troubles qui ont eu lieu dans le département de la Meuse, où, depuis 1827, plusieurs gardes forestiers ont été tués, comme le rapporte la *Gazette des Tribunaux* du 19 octobre 1831 ; et tout récemment encore les incendies de forêts qui ont eu lieu dans les départemens de l'Aube et de l'Yonne et autres. Le *Code forestier* de 1827, loin de rétablir la tranquillité publique, n'a fait qu'empirer le mal.

L'abandon des bois à la nature, les vices de leur exploitation résultant du système de Froidour, suivi imperturbablement par ses successeurs, ont rendu la France tributaire de l'étranger, au lieu d'exportatrice qu'elle devrait être.

MM. Réaumur et Buffon ont, il y a environ 80 ans, observé, dans les départemens de l'Aisne, de Seine-et-Marne et de Seine-et-Oise, l'exploitation des bois d'après le système

de Froidour, mis en pratique par la loi de
1669. Ils ont trouvé alors peu de chose à blâmer; mais je regrette que ces savans n'aient
pas remarqué que tous les 25 ans, les bons
sols ne restent couverts que du quarantième
de la superficie, par les réserves insuffisantes
de quelques anciens, des modernes et des ba-
livaux, réserve d'ailleurs nuisible à la recrois-
sance des bois; et qu'il serait utile de substituer les pins et sapins dans les trois quarts
des forêts, sur les sols médiocres et même arides, où ils donneraient des produits dix fois
plus considérables que les charmes, les chênes et les châtaigniers qui y végètent.

Les bois sont en général la branche d'industrie
agricole la plus négligée dans toutes ses parties.
Il y a de graves motifs pour changer la culture, l'aménagement et l'exploitation actuels
qu'on s'efforce de perpétuer, quoiqu'on en ait
démontré les résultats désastreux.

De 1816 à 1826 le prix du bois a plus que
doublé, quoiqu'il fût déjà très-élevé, puisque,
d'après les tableaux dressés par l'administration des forêts, le prix moyen de l'hectare
était de 641 fr., en 1816, avec des réserves de

51 arbres par hectare. De 1821 à 1826 le nombre des arbres réservés a été de 72 par hectare, et les prix moyens d'adjudication se sont élevés à 1188 fr. l'hectare, Si l'on considère que chaque arbre de choix réservé vaut au moins 5 fr., on doit en conclure qu'en dix ans le prix du bois a plus que doublé, et que cette augmentation est due à l'élévation du prix d'adjudication des coupes. On remarque que celles mises en vente en 1816 ont porté sur une quantité de 27,855 hectares, qui ont donné la somme de 18,849,956 fr. 87 cent. En 1826 les ventes n'ont porté que sur une quantité de 26,528 hectares qui ont produit celle de 31,594,333 fr. 74 cent.; c'est-à-dire qu'il y a eu 1327 hectares en moins, et 12,744,376 fr. 78 cent. en plus. La somme n'aurait été que de 14.320,852 fr. d'après le prix de 1816; mais le grand nombre d'arbres réservés doivent être en outre pris en considération.

De cette cherté exorbitante, il est résulté qu'un grand nombre de personnes, ne pouvant plus acheter de bois pour leurs besoins les plus urgents, s'en sont procuré par fraude, ce qui a fait augmenter sensiblement les procès correctionnels. En 1825, ils ne s'élevaient qu'à 57,002 ; en 1826, ils se sont élevés à 63,051 ; en 1827, à 69,464 ; en 1828, à 68,964 ; en 1829, à 69,382 procès, contre 109,762 individus ; 12,381 procès et 22,900 individus poursuivis de plus en 1829 qu'en 1825, par le seul fait de l'administration des forêts.

Si les propriétaires particuliers exerçaient autant de poursuites que le gouvernement, d'après la quantité de bois qu'ils possèdent, il y aurait chaque année 3 à 400,000 condamnations en France ; et bientôt toute la population qui environne les pays boisés serait poursuivie devant les tribunaux.

En France la répartition des forêts est mal faite, puisque souvent le transport du bois coûte aussi cher que le bois, et souvent plus cher. On doit en conclure que les habitans des pays boisés paient assez cher la concession arrachée à la direction des forêts, du droit qu'ont les communes d'intervenir dans le choix des gardes de leurs bois ; et il s'ensuit évidemment que cette direction est nuisible sans être d'aucune utilité aux communes et aux particuliers.

En aménageant les bois communaux par éclaircies périodiques, 11,000 communes seront fournies du combustible nécessaire à leurs besoins pendant 4 ans, sans délivrance d'affouage ; et les bois particuliers pourront être rendus libres à leurs propriétaires, ce qu'ils desirent vivement, d'après un mémoire fourni par eux en 1829, mais dans lequel il se trouve une foule d'erreurs.

Un seul de ces résultats ne devrait-il pas suffire pour faire adopter des changemens dans le système d'aménegement et d'exploitation ; changemens réclamés sans succès depuis long-temps ?

L'opposition de la direction générale des forêts à tout ce qui est utile, et son refus de mettre à profit les connaissances acquises, fait éprouver aux habitans des communes des pertes considérables, en les empêchant de faire collectivement l'extraction des arbres superflus, de l'âge de 6 ans et au-dessus. Les résultats de son ignorance ou de sa mauvaise volonté sont marqués par les malheurs publics : depuis 175 ans, elle n'a pu ou n'a pas voulu faire une distinction entre les espèces d'arbres les plus promptement productifs pour le chauffage et ceux de charpente; distinction qui serait si utile, sans pour cela nuire à l'abondance de ces derniers.

Pour mettre fin à ce système, il faudrait retrancher aux agens de la direction toute espèce d'appointemens et d'indemnités à la charge des contribuables qui profiteraient ainsi de 3,699,000 fr. que coûte cette administration, suivant le compte captieux rendu par le ministre des finances pour l'exercice 1827; et ne lui accorder pour prime, à l'avenir, que le montant du 29ᵉ des améliorations à faire dans les bois communaux, et seulement au fur et à mesure qu'elles se réaliseront, conformément aux tableaux d'aménagement par éclaircies sextennales, qui suivent.

Il est facile de prouver la justesse de mes assertions, puisque le produit des éclaircies, dans l'espace de 6 ans, et l'estimation des bois sur pied, économisés et réservés, se montent à la somme de 552,443,430 fr., qui, divisés par 5 donnent au quotient 110,488,686 fr., qui, divisés par 3,699,000 fr. que coûte la régie forestière, donne pour résultat la 29ᵉ partie et une fraction négligée de 3,217,686 fr. que je conseillerais d'accorder à la direction pour émolumens qu'elle mériterait alors.

PREMIÈRE ANNÉE. — 1832.

Ages.	Quantités à éclaircir.	Produits en bourrées.	Produits en stères.	Valeur en argent.	Arbres à réserver. par hect.
25 an	79,031	158,062,000	1,185,465	11,064,340	1,200
24	79,031	158,062,000	1,185,465	11,064,340	1,200
23	79,031	158,062,000	1,185,465	11,064,340	1,200
22	79,031	158,062,000	1,185,465	11,064,340	1,200
Totaux...	316,124	632,248,000	4,741,860	44,257,360	

DEUXIÈME ANNÉE. — 1833.

22	79,031	158,062,000	1,185,465	11,064,340	1,200
21	79,031	158,062,000	1,185,465	11,064,340	1,200
20	79,031	158,062,000	1,185,465	11,064,340	2,000
19	79,031	158,062,000	790,310	7,113,720	2,000
18	79,031	158,062,000	790,310	7,113,720	2,000
Totaux...	395,155	790,310,000	5,137,015	47,420,460	

TROISIÈME ANNÉE. — 1834.

18	79,031	158,062,000	790,310	7,113,720	2,000
17	79,031	158,062,000	790,310	7,113,720	2,000
16	79,031	158,062,000	790,310	7,113,720	2,000
15	79,031	158,062,000	790,310	7,113,720	2,000
14	79,031	158,062,000	385,155	6,717,635	3,500
13	79,031	158,062,000	385,155	6,717,636	3,500
Totaux...	474,186	948,372,000	3,931,550	41,890,151	

QUATRIÈME ANNÉE. — 1835.

13	79,031	158,062,000	0	6,322,480	3,500
12	79,031	158,062,000	0	6,322,480	3,500
11	79,031	158,062,000	0	6,322,480	3,500
10	79,031	158,062,000	0	6,322,480	3,500
28	75,869	227,607,000	9,862,970	48,556,160	12
Totaux...	391,993	859,855,000	9,862,970	73,846,080	

CINQUIÈME ANNÉE. — 1836.

10	79,031	158,062,000	0	6,322,480	3,500
9	79,031	158,062,000	0	6,322,480	4,500
8	79,031	158,062,000	0	6,322,480	4,500
7	79,031	79,031,000	0	3,161,240	4,500
6	79,031	79,031,000	0	3,161,240	4,500
29	75,869	227,607,000	9,862,970	48,556,160	12
Totaux...	471,024	859,855,000	9,862,970	73,846,080	

La sixième année on recommencera à éclaircir les bois de la première année, et ainsi de suite.

PROJET

D'ÉCOLE NORMALE FORESTIÈRE.

Il serait nécessaire d'établir une ou plusieurs écoles normales forestières qui auraient pour objet l'étude de la culture et de la naturalisation des arbres étrangers, des semis pour regarnir les bois, de l'aménagement par éclaircies quinquennales, sextennales et décennales des bois, suivant la qualité du sol et l'espèce des arbres qui l'occupent, et pour but d'éviter les dépenses d'assainissement toujours trop coûteux et de tirer le plus grand parti possible des bois communaux de France dont il est nécessaire de réformer l'aménagement actuel.

En une seule année on pourrait instruire assez d'élèves forestiers pour que tous les départemens puissent profiter à la fois des avantages du système des éclaircies, en établissant une école normale dans le lieu le plus rapproché des départemens dont un grand nombre de communes sont propriétaires de bois. Chaque département enverrait à cette école un nombre suffisant d'élèves choisis parmi les gardes de ventes et leurs enfans, sachant au moins lire, écrire et les quatre premières règles de l'arithmétique.

Les élèves recevraient chaque jour une leçon de théorie et une de pratique qui consisterait dans l'abattage des petites branches, dans l'extraction des arbrisseaux nuisibles à la propagation des arbres utiles, et dans l'étude des réserves à faire, à chaque âge des bois.

La durée du cours serait d'un mois, temps suffisant si les étudians sont pris parmi les exploitans, et les élèves sortant pourront ensuite, en rentrant dans leur département en instruire d'autres. La commune de Vitry (Seine) pourrait seule fournir cent cultivateurs de première classe pour conduire des cultures forestières.

A la fin du cours, les élèves, après avoir subi un examen, recevraient un certificat de capacité. Trois mois suffiraient donc pour que chaque commune eût un forestier capable de diriger les éclaircies d'une manière avantageuse.

Les avantages qu'offre le mode d'exploitation par éclaircies, sont assez encourageans, puisque, en comptant le stère à 4 fr. seulement et le 100 de bourrées au même prix, on obtiendrait le résultat suivant :

1 hectare de 22 à 25 ans donnerait, en 1832, un produit de . . . . 140 fr.
De 18 à 22 ans, en 1833, . . . 132
De 13 à 18 en 1834, . . . 113
De 10 à 13 en 1835, . . . 80
De 6 à 10 en 1836, . . . 80.

En préparant des produits de meilleure qualité et d'un usage plus général, dans 46 départemens les produits des éclaircies, dans l'espace de 5 ans, s'élèveraient à la somme de 133,824,980 francs ; mais la valeur des bois réservés peut entrer dans la balance des avantages pour le double de cette somme ; ce qui élève le produit, sans exagération, à celle de 184,147,811 francs.

Ainsi l'aménagement des bois par éclaircies bien dirigées, ferait renaître immédiatement l'abondance, et donnerait les moyens de rendre à la culture des céréales une grande étendue de terrains couverts de bois.

Il ne faut pas croire qu'en faisant des éclaircies on diminue les produits futurs, puisque, par le résultat des calculs d'accroissement des arbres, à 5 ans ils cubent environ un millistère de bois ; à 10 ans 11 millistères, c'est-à-dire un accroissement de 10 pour 1 ; à 15 ans, 44 millistères, ou 4 pour 1 comparé avec l'accroissement de 5 à 10 ans ; et plus de 44 pour 1 comparé avec celui de 1 à 5 ans ; à 20 ans ils cubent 93 millistères, plus de 2 pour 1 comparé avec l'accroissement de 1 à 15 ans. En suivant la même progression, à 25 ans le même arbre cube 181 millistères, en déduisant 93 reste 88, ce qui porte l'accroissement à 17 millistères 3/5 par an, c'est-à-dire qu'à cette époque il est de plus de 8 pour 1 comparé avec celui de 1 à 10 ans. A 30 ans, 314 millistères ; en déduisant 181 reste 133, ce qui porte l'accroissement à plus de 26 pour 1 comparé avec celui de 1 à 5 ans.

Si de 25 à 30 ans l'accroissement ne double pas les produits, leur utilité plus générale les rend alors aussi plus précieux par l'usage qu'on en peut faire. Quand on a soin de désobstruer les bois en temps opportun, sans attendre que les branches faibles languissent ou meurent, l'accroissement des fortes est toujours de plus en plus considérable jusqu'à l'âge le plus avancé, quand le sol a du fond pour les arbres de longue vie. Les arbres toujours verds, tels que les pins et les sapins, croissent toujours bien sur les terrains médiocres et même sur ceux qui sont arides ; c'est donc une erreur de croire que les améliorations se font attendre et qu'elles peuvent occasionner des privations ; elles ne sauraient être coûteuses, puisque, même avant de faire des dépenses, on a des récoltes d'une valeur plus considérable que celles que nécessitent les frais de restauration, le succès ne saurait être mis en doute.

Il est certain que, de toutes les combinaisons à faire pour établir la balance entre la production et la consommation des bois, aucune n'est plus certaine que celle de laisser venir les arbres au plus haut point de croissance utile pour obtenir le nécessaire et des réserves importantes pour l'avenir ; mais on ne saurait atteindre à ce but qu'en aménageant les bois par des éclaircies périodiques basées sur les calculs mathématiques des lois de la végétation, pour que les arbres restans puissent développer leurs branches qui ne prennent du développement qu'avec le secours des feuilles, et faire dès-à présent des semis et des plantations d'essence d'arbres, de vie plus ou moins longue, de manière que les uns donnent des produits quinquennaux ou sextennaux, abondans jusqu'à l'âge de 25 ou 30 ans, et que ceux qui devront être abattus au-dessus de cet âge, aient atteint le maximum de croissance nécessaire : comme le robinier, le pin maritime, etc., et ainsi de suite jusqu'à cent ans pour quelques-uns, sur les terrains médiocres et arides, et jusqu'à 150 et 200 ans sur les terrains profonds. On pourra ainsi défricher les deux tiers des bois existans, c'est-à-dire, 85,556 hectares par an, à partir de 1840.

Rien en fait d'amélioration ne saurait stimuler comme l'intérêt personnel ou collectif immédiatement satisfait, et je ne crois pas qu'il soit possible de trouver un moyen plus propre que celui que j'indique, pour faire jouir les communes du produit des éclaircies de leurs bois, à la condition de faire des rotations de culture et de laisser subsister les bois qui existent, pendant un certain temps.

Il faut, il est vrai, pour obtenir ces résultats, un travail constant et assidu et ne pas abandonner les bois à la nature, mais pour 25 hectares il ne faut qu'un homme constamment occupé aux travaux d'éclaircies annuelles, de semis de plantations, d'élagages, d'abattages définitifs, de fosseyages, etc.

Au reste, les particuliers ne peuvent changer les habitudes que les anciens gouvernemens les ont forcés à prendre ; c'est à l'administration des fôrets à adopter un nouveau mode d'aménagement et d'exploitation plus conforme à la physique végétale, et qui donne des produits meilleurs et plus abondans que celui qu'on suit imperturbablement depuis longtemps, quoique extrêmement vicieux.

Tels sont les moyens que je crois les plus propres à la restauration des forêts et dont les calculs sont plus positifs que ceux de M. le comte Roy, dans son rapport sur le code forestier à la chambre des pairs, le 8 mai 1827, rapport plein d'erreurs et d'inexactitude, tout en faveur de la direction générale des forêts, par des éloges qu'elle n'a jamais mérités, et rempli d'attaques contre les administrateurs communaux et les habitans des communes qu'on accuse d'être ennemis de leurs intérêts, mais qui n'ignorent pas que, du mauvais système de l'administration, il résulte que leurs bois leur coûtent le double de ceux qu'ils achèteraient aux enchères. Le gouvernement sait depuis longtemps qu'ils ont besoin d'être dirigés, mais il ne fait rien pour eux.

Tableau des départemens où il y a le plus grand nombre de communes propriétaires de bois, et de la quantité qu'elles possèdent.

NOMS DES DÉPARTEMENS.	NOMBRE des COMMU-NES propr^s.	QUANTITÉ d'hectares.
Ain..................	339	55,179
Aisne................	105	5,241
Basses-Alpes.........	194	50,117
Hautes-Alpes.........	157	60,968
Ardennes.............	251	38,166
Arriège..............	73	15,048
Aube.................	174	23,726
Aveyron..............	86	14,251
Bouches-du-Rhône.....	68	43,226
Cantal...............	118	10,553
Cher.................	80	9,946
Corse................	160	10,319
Côte-d'Or............	635	58,553
Doubs................	625	82,234
Drôme................	180	43,754
Gard.................	142	64,804
Haute-Garonne........	188	18,266
Hérault..............	71	30,816
Isère................	336	63,178
Jura.................	588	79,481
Landes...............	66	4,990
Loire................	53	6,479
Marne................	127	10,949

NOMS DES DÉPARTEMENS.	NOMBRE des COMMUNES propr^s.	QUANTITÉ d'hectares.
Haute-Marne.	473	83,657
Meurthe.	450	60,130
Meuse.	473	83,657
Moselle.	550	36,467
Nièvre.	197	23,888
Nord.	40	12,465
Oise.	66	11,840
Pas-de-Calais.	37	1,786
Puy-de-Dôme.	250	25,000
Pyrénées (hautes). . . .	401	26,448
idem Basses.	480	24,484
idem Orientales.	57	27,067
Rhin-Bas.	66	74.485
Rhin-Haut.	455	87,249
Saône-Haute.	621	110,803
Saône-et-Loire.	385	30,567
Seine-et-Marne.	36	1,397
Seine-Inférieure.	9	3,997
Tarn.	44	16.080
Var.	134	46,258
Vaucluse.	80	41,215
Vosges.	538	101,157
Yonne.	232	30,658

Les arbres réservés, sur les sols profonds, offrent la 10ᵉ partie du total. En multipliant 15,008,542 par 10, le quotient donne 150,085,420, dont 4,000 par hectare à l'âge de 10 ans, 2,600 à l'âge de 20 ans, 1,250 à l'âge de 30 ans, 1,000 à l'âge de 40 ans, 800 à l'âge de 50 ans, 600 à l'âge de 60 ans, 500 à l'âge de 70 ans, 450 à l'âge de 80 ans, 400 à l'âge de 90 ans, et 350 à l'âge de 100 ans; dans les éclaircies au-dessus de cet âge, on abattra graduellement de manière qu'il n'en reste que 140 par hectare à l'âge de 150 ans, qui sera l'âge où les arbres auront une valeur assez importante, pour un grand nombre d'usages; mais on pourra en réserver jusqu'à l'âge de 200 ans.

De 10 à 30 ans on abat 1,250 arbres par hectare tous les 10 ans, par chaque éclaircie; de 30 à 60 ans, on en abat 200 par hectare; de 60 à 100 ans, environ 100 par hectare; de 100 à 150 ou 200 ans, 7 par hectare, tous les 10 ans. Les arbres réservés, sur les sols médiocres, offrent la 5ᵉ partie du total en multipliant 895,615,281 arbres par 5, le résultat donne 4,478,076,405 arbres, dont 10,000 par hectare de l'âge de 5 ans; à l'âge de 25 ans il doit en rester 5,000 par hectare ; de 10 à 25 ans, dans 4 éclaircies, on en abat 5,000, ce qui fait 1,250 chaque éclaircie ; de 25 à 50 ans on en abat environ 500 par hectare, de manière qu'à 50 ans il en reste environ 2,000 à 2,500 par hectare ; de 50 à 100 ans on en abat environ 160 par hectare, de manière qu'à 100 ans il en reste environ 600 à 650 par hectare à abattre définitivement. *Voy. les tableaux d'aménagement.*

On voit qu'en mettant de l'ordre dans l'aménagement et l'exploitation des bois, dans le cours de 50 à 60 ans on pourra défricher les 2/3 de ceux existans actuellement.

Les arbres des forêts en massifs ne donnent que du bois de chauffage et quelques petites charpentes jusqu'à 50 ans, au-dessus de cet âge les produits des futaies sur taillis sont d'environ moitié en bois de charpente et moitié chauffage. On ne peut nier qu'il y ait avantage à abattre les arbres quand ils ont atteint leur plus haut point d'accroissement utile.

Pour parvenir à ce système d'aménagement, il ne faut donc qu'instruire 75,869 forestiers communaux.

TABLEAU

De cubature de différentes espèces d'arbres d'après des mesures prises sur des arbres debout, sur des arbres abattus et gisant au lieu même de l'abattage; enfin sur des arbres équarris et en chantier.

NOMS des ARBRES.	Ages.	Hauteur.		Diamètre moyen.	Cubature de chaque arbre.	Accroissement annuel.	OBSERVATIONS.
		pieds.	mètres				
	ans			mill.	mill.	mill.	
Chêne	12	18	5,85	68	019	1 1/2	
Id.	20	25	8,12	54	19	»	
Id.	20	21	6,82	50	16	»	
Id.	24	21	6,82	34	4	»	La méthode de cubature suivie dans ces tableaux est celle qui consiste à multiplier le quart du diamètre moyen par la circonférence moyenne, et à multiplier ce premier produit par la longueur de la tige.
Id.	18	17	5,52	30	3	»	
Id.	17	16	5,36	27	3	»	
Id.	17	20	6,50	35	6	»	
Noisetier	18	20	6,50	27	3	»	
Epine blanche	25	18	5,85	28	3	»	
Acacia	30	45	14,29	162	300	10	
Merisier	20	22	7,15	23	4	»	
Charme	25	27	8,77	47	15	»	
Hêtre	22	25	8,12	54	19	»	

MESURES D'ARBRES SUR PIED.

Ypréau	26	50	16,24	54	934	36	En comparant le pin laricio avec un chêne de 60 ans du grossissement annuel de 20 millimètres (9 lignes), il cuberait 628 millistères, son accroissement annuel serait de 10 millistères $\frac{55}{1000}$ par an en grume, et un stère de bois de chauffage; ainsi l'accroissement annuel serait de 27 millistères. Mais à 60 ans l'hectare ne peut contenir que 400 chênes qui ne donneraient que 651 stères 200 millistères, et il faut que le sol soit excellent; au lieu qu'une étendue égale contiendrait au moins 800 pins laricio, qui, sur un sol médiocre, donneraient 6400 stères, environ 10 pour un. Voilà le résultat probable pour ce cas particulier. La connaissance positive des qualités des bois est encore à chercher; il viendra un jour où on la possédera, mais maintenant tout est dans l'obscurité.
Erable rouge	29	40	12,99	44	266	10	
Acacia	26	40	12,99	44	475	18	
Orme	26	35	11,37	32	234	9	
Peuplier de Caroline	26	50	16,24	54	934	76	
Pin d'Ecosse	28	60	19,49	54	1,121	40	
Id. Weymouth	28	70	22,74	43	1,058	37	
Picéa	26	70	22,74	48	838	32	
Chêne	30	35	11,37	16	92	3	
Cyprès distique	25	40	12,99	29	186	4 2/3	
Noyer noir	20	50	16,24	32	458	22	
Noyer pacanier	20	40	12,99	27	267	13 1/2	
Platane	20	50	16,24	54	934	46 2/3	
Peuplier de Caroline	20	55	17,86	70	1,738	86	
Chêne	20	72	23,39	97	1,106	55 1/2	
Cèdre	74	70	22,74	108	11,513	155 1/2	
Pin laricio	60	72	23,39	32	2,041	34 1/3	
Tilleul	44	40	12,99	36	322	7 1/3	
Aylanthe	44	50	16,24	49	832	19	
Tremble	44	60	19,49	44	628	14 1/3	
Alizier	44	60	19,49	65	470	10 2/3	
Bonduc	44	50	16,24	46	643	14 1/2	
Erable rouge	44	60	19,49	62	1,485	33	
Id.	44	60	19,49	43	713	16	
Frêne	44	60	19,49	32	401	9	
Gingko	35	57	18,51	23	199	4 1/2	
Id.	44	50	16,24	32	330	7 1/2	
Zelkoua	44	65	27,86	41	575	13	
Févier	44	60	19,49	32	401	9	
Frêne à une feuille	44	60	19,49	45	806	18 1/3	
Sapin	44	52	16,89	30	318	7 1/4	
Sophora	44	60	19,49	54	1,121	25 1/2	
Robinier	44	65	21,86	54	1,223	27 3/4	
Peuplier	14	50	16,24	51	324	23	
Orme	14	25	8,12	10	65	4 1/2	
Acacia	34	45	14,60	46	535	15 3/4	
Epicéa	26	50	16,24	32	334	13	
Mélèze	26	50	16,24	27	122	4 1/2	
Chêne	26	30	9,74	16	52	2	

MESURES D'ARBRES EN CHANTIERS ET ÉQUARRIS.

Chêne	120	30	9,74	»	1,942	16	
Sapin	100	72	23,39	»	3,558	35 1/2	

TABLEAU d'aménagement bicentenaire du quart des Bois communaux de France, situés sur les terrains les plus profonds, plantés en chêne, et autres arbres de longue vie, qui se compose d'environ 444,702 hectares, 75 ares, qu'ils donnent 1,111 hectares, 75 ares, 63 centiares, à éclaircir, de chaque âge, tous les ans, et la même quantité à abattre définitivement chaque année, 'n tout 22,235 hect., 12 ares, 60 cent., en tout 22,235 hect., 12 ars.

AGE.	HAUTEUR DES ARBRES A RÉSERVER.			ARBRES A RÉSERVER.	DIAMÈTRES MOYENS.	CUBATURE DE CHAQUE ARBRE.		ACCROISSEMENT ANNUEL.	CUBATURE DES ARBRES RESTANT SUR LE SOL.		BOIS A ÉCLAIRCIR CHAQUE 1ère ET A ABATTRE.			HAUTEUR DES ARBRES A ABATTRE A CHAQUE PÉRIODE.			ARBRES A ABATTRE CHAQUE PÉRIODE	DIAMÈTRE MOYEN.	CUBATURE DE CHAQUE ARBRE.		ACCROISSEMENT ANNUEL.	PRODUIT DES ÉCLAIRCIES ET ABATTAGES DÉFINITIFS.	
ans.	pieds.	mét.	cent.	quantités.	millim.	stér.	millièmes.	millistère	stères.	millièmes	hect.	ares	cent.	pieds.	mét.	cent.	quantités.	millim.	stér.	millistères.	millistier.	stères.	millièmes.
10	10	5	25	4,337,228	68		11	1	47,709	458	1,111	75	63	10	5	25	1,443,115	56		7	3/4	15,300	902
20	20	6	50	2,863,666	136		95	8	256,506	719	Idem			20	6	50	Id.	112		50	7 1/2	133,009	25
30	30	9	74	1,394,109	204		214	12	297,859	219	Id.			27	8	77	Id.	168		180	12	158,928	550
40	40	15	64	1,164,757	272		347	43	852,832	479	Id.			32	10	39	232,351	224		405	22 1/2	53,602	357
50	45	14	62	929,406	340		458	71	1,219,380	16	Id.			39	11	99	Id.	280		778	37	103,469	467
60	50	16	24	607,054	408	1	820	56	1,268,658	280	Id.			40	12	99	Id.	308	1	65	29	247,419	347
70	55	17	86	586,979	442	2	314	49	1,344,385	405	Id.			44	14	29	116,675	336	1	172	11	195,734	850
80	60	19	49	464,804	476	3	562	68	1,588,416	498	Id.			48	15	59	Id.	364	1	657	46 1/2	190,178	475
90	62	20	14	348,629	510	3	520	56	1,240,816	498	Id.			50	16	24	Id.	392	2	0	36	252,350	″
100	65	21	11	332,454	535	4	866	75	1,004,201	280	Id.			51	16	56	Id.	420	2	289	29	260,924	575
110	65	21	11	224,708	549	5	616	54	1,081,424	128	Id.			51	16	56	Id.	440	2	484	29	18,466	469
120	65121	21	27	216,957	578	6	150	75	1,218,458	594	Id.			5½12	16	67	Idem.	466	2	710	20	20,491	660
130		Idem.		409,216	607	6	756	53 1/2	1,561,131	540	Id.				Id.		Id.	486	3	52	22 1/2	23,485	871
140		Idem.		201,470	636	7	351	60 1/2	1,374,065	124	Id.				Id.		Id.	510	3	576	32	26,150	406
150		Idem.		193,674	665	8	25	59 1/2	1,492,468	465	Id.				Id.		Id.	537	3	740	56	28,965	40
160		Idem.		135,978	694	8	695	77	1,549,683	765	Id.				Id.		Id.	564	4	224	48	31,959	554
170		Idem.		178,227	723	9	379	67	1,598,988	191	Id.				Id.		Id.	591	4	608	38	35,027	412
180		Idem.		120,396	752	9	379	68	1,646,242	80	Id.				Id.		Id.	619	4	950	54	38,342	700
190		Idem.		162,640	781	10	123	74	1,722,120	110	Id.				Id.		Id.	645	5	384	43	41,703	469
200		Idem.		″	810	11	104	98	″	″	Id.				Id.		162,640	810	11	104	98	560	
Totaux				15,008,152					21,775,307	649	22,235	12	60				6,337,452					3,661,424	569

NOUVELLE
MÉTHODE DE SEMIS,
DE
PLANTATIONS ET D'AMÉNAGEMENT
DES BOIS,

PAR M. E. TOURNEY.

—

Troisième Edition.

ERRATA.

Page 53, ligne 21, *lisez* inconvéniens au lieu de mouvemens.

NOUVELLE MÉTHODE DE SEMIS,

DE

PLANTATIONS ET D'AMÉNAGEMENT

DES BOIS.

TOPOGRAPHIE ET STATISTIQUE DES FORÊTS DE FRANCE, CONTENANT LES QUANTITÉS D'HECTARES DANS CHAQUE DÉPARTEMENT ET LES ESSENCES DOMINANTES.

Les bois et forêts du royaume se composent de 6,500,000 hectares de bois (environ 13,000,000 d'arpens anciens); ils sont possédés par le Roi, à titre de liste civile, et sous la dénomination de Domaine de la couronne. Une partie est déléguée aux princes royaux, à titre d'apanages, pour les services qu'ils ont, eux ou leurs prédécesseurs, rendus à l'État: ces princes en possèdent en toute propriété.

L'État ou domaine public, les communes, sous

la dénomination de communaux ; les établissemens publics, les grands corps de l'État, les hôpitaux et hospices, en possèdent aussi en toute propriété, et par indivis avec l'État et les communes ; quelques bouquetaux appartiennent à des cultivateurs, mais la plus grande partie des forêts de France appartient aux grands propriétaires fonciers.

Suivant le Rapport de M. le commissaire du Roi, dans son exposé des motifs du *Code forestier*, l'État ou domaine public en possède 1,100,000 hectares, indivis ou autrement.

Tous les bois et forêts sont soumis au régime forestier, établi par le code et le réglement d'administration publique, promulgués le 1er. août 1827, et toutes les dépendances forestières sont régies par la Direction générale des forêts, et confiées à la surveillance spéciale de ses délégués, sous la dénomination d'inspecteurs généraux, d'inspecteurs particuliers, de conservateurs, de sous-inspecteurs, de gardes généraux, de brigadiers, gardes, de gardes particuliers ou de triages.

Ses délégués ont dans leurs attributions la surveillance active de tous les bois et le titre d'officiers de police judiciaire, qui consiste dans l'autorisation de la recherche de tous les délits lorsqu'ils se font assister des magistrats municipaux.

Les arbres qui peuplent les forêts de la France sont l'alizier, le bouleau, l'érable commun, le châtaignier, le charme, le chêne, le hêtre, l'orme, le frêne. Sur les plus hautes montagnes des départemens des Hautes-Alpes (Briançon) et de la

Drôme (Valence) et dans les Alpes helvétiques, on trouve le mélèse ; le pin laricio a sa patrie dans l'île de Corse et dans la Caramanie (Turquie d'Asie) ; le cèdre du Liban est en la possession des cultivateurs européens ; les pins et sapins peuplent les forêts du Jura et des Vosges, etc. Depuis longtemps, on a acquis la certitude que toutes les espèces d'arbres peuvent être transférées avantageusement d'un canton dans un autre, pourvu que le sol leur soit convenable ; de plus, cultivés isolément, ils donnent six fois autant de produits que quand ils croissent en massifs de forêts abandonnées à la nature.

On divise les bois en trois séries : la première comprend les bois durs, l'alizier, le charme, le chêne, l'érable, le gaînier, le ginko, le hêtre, le merisier, l'orme, etc. ;

La deuxième comprend les bois résineux, les mélèses, les pins, les sapins, les cèdres, etc. ;

La troisième comprend les bois blancs, l'aune, les bouleaux, les peupliers, les tilleuls.

Presque toutes les espèces de bois durs perdent, par le desséchement, les deux cinquièmes de leur poids et un douzième de leur volume ; les bois blancs et les bois résineux perdent environ moitié de leur poids et environ un sixième de leur volume, par la même cause. Les racines des mêmes arbres perdent les trois cinquièmes de leur poids, aussi par le desséchement.

Plus les bois sont lourds, proportionnellement à leur volume, plus ils produisent de calorique en brûlant. Si l'on compare les bois verts ou mouillés avec les bois secs, les derniers sont d'une

1.

économie qui varie entre un quart et un cinquième pour le chauffage. Il en est de même des bois qui ont pris leur croissance dans les terrains humides et les terrains secs ; les derniers sont les plus avantageux. Ces connaissances sont utiles pour se diriger dans les usages domestiques et pour les transports.

Tableau des forêts de France pour servir à la recherche des graines d'arbres étrangères à un climat.

Départemens.	Chefs-lieux.	Quantités d'hectares.	Essences dominantes.
Ain.	Bourg.	64,423	Chêne, hêtre, pin, sapin.
Aisne.	Laon.	103,000	Chêne, hêtre, charme.
Allier.	Moulins.	106,938	Chêne, sapin, bouleau.
Basses-Alp.	Digne.	60,015	Id., id., id.
Haut.-Alp.	Gap.	74,890	Id., id., id., pin.
Ardèche.	Privas.	35,952	Chêne, pin.
Ardennes.	Mézières.	151,000	Essences mêlées.
Ariége.	Foix.	56,000	Pin, sapin.
Aube.	Troyes.	78,000	Chêne, bouleau.
Aude.	Carcasson.	57,000	Chên., hêtre, sapin.
Aveyron.	Rodez.	46,000	Id., id., id.
Bo.-du-Rh.	Marseille.	55,000	Id., id., pin.
Calvados.	Caen.	33,000	Chêne, charme.
Cantal.	Aurillac.	31,000	Bouleau, chêne, sapin.

Départemens.	Chefs-lieux.	Quantités d'hectares.	Essences dominantes.
Charente.	Angoulêm.	23,000	Chêne, frêne, orme, sapin.
Ch.-Infér.	La Rochel.	30,000	Id., id.
Cher.	Bourges.	151,000	Châtaign., chêne.
Corrèze.	Tulle.	14,000	Chêne, houx, sapin, charme.
Corse.	Ajaccio.	56,000	Bouleau, pin laricio, sapin.
Côte-d'Or.	Dijon.	229,000	Chêne, orme, hêtre, charme.
Côtes-d.-N.	S.-Brieuc.	19,000	Chêne, hêtre, bouleau.
Creuse.	Guéret.	40,000	Chêne, orme, bouleau, hêtre.
Dordogne.	Périgueux.	67,570	Chêne, orme, châtaignier.
Doubs.	Besançon.	114,000	Chên., sapin, hêt.
Drôme.	Valence.	93,000	Bois de construct. sap., mél., chên.
Eure.	Evreux.	98,000	Chêne, hêtre, bou.
Eure-et-L.	Chartres.	45,000	Id., id., id.
Finistère.	Quimper.	13,000	Chêne, hêtre.
Gard.	Nîmes.	81,000	Chêne, liége, yeuse.
Garonne.	Toulouse.	51,000	Chêne, sapin.
Gers.	Auch.	12,000	Id., id., buis.
Gironde.	Bordeaux.	90,000	Id., id., pin maritime, chên. tauzin.
Hérault.	Montpel.	70,315	Chêne, mélèse, sapin.
Ille-et-Vil.	Rennes.	20,150	Chêne, hêtre, sapin.
Indre.	Ch.-Roux.	102,460	Chêne, châtaign.
Ind.-et-Lo.	Tours.	74,000	Id., id., bouleau.
Isère.	Grenoble.	134,000	Sapin, mélèse à mâts.

Départemens.	Chefs-lieux.	Quantités d'hectares.	Espèces dominantes.
Jura.	L.-le-Saul.	139,000	Chêne héliphalie, sapin, buis.
Landes.	M.-de-Mar.	125,555	Chêne, yeuse à gale, sapin, pin.
Loir-et-Ch.	Blois.	66,330	Chêne, charme.
Loire.	Montbris.	37,250	Id., id., sapin.
Haut.-Loir.	Le Puy.	24,000	Chêne, sapin, charme.
Loire-Infé.	Nantes.	37,484	Charme, hêtre, bouleau.
Loiret.	Orléans.	96,000	Id., id., bouleau.
Lot.	Cahors.	25,000	Id., id., sapin.
Lot-et-Gar.	Agen.	27,000	Liége, bouleau.
Lozère.	Mende.	22,000	Chêne, pin, orme.
Main.-et-L.	Angers.	43,410	Châtaign., hêtre, pin, chên., orme.
Manche.	Saint-Lô.	16,315	Châtaign., chêne, bouleau.
Marne.	Châlons.	82,000	Chêne, hêtre, charme.
H.-Marne.	Chaumont.	224,000	Id., id., sapin.
Mayenne.	Laval.	27,000	Chêne, charme, hêtre.
Meurthe.	Nancy.	219,000	Id., id., id.
Meuse.	Bar-le-Duc.	180,315	Chêne, charme, hêtre.
Morbihan.	Vannes.	21,000	Chêne, charme, pin.
Moselle.	Metz.	132,065	Charme, chêne, hêtre.
Nièvre.	Nevers.	183,000	Id., id., id., boul.
Nord.	Lille.	57,051	Chêne, bouleau.
Oise.	Beauvais.	88,319	Chêne, hêtre, bouleau.
Orne.	Alençon.	60,000	Essences mêlées, houx.

Départemens.	Chefs-lieux.	Quantités d'hectares.	Essences dominantes.
Pas-de-Cal.	Arras.	47,392	Chêne, hêtre, charme.
Puy-de-Dô.	Clermont.	55,258	Chêne, sapin.
H.-Pyrén.	Tarbes.	69,700	Chêne, pin.
B.-Pyrén.	Pau.	112,615	Id., id., buis.
Pyrén.-Or.	Perpignan.	50,000	Pin, sapin, hêtre.
Bas-Rhin.	Strasbourg	150,607	Chên., hêt., sapin.
H.-Rhin.	Colmar.	159,469	Id., id., id.
Rhône.	Lyon.	12,500	Sapin, mélèse, chêne de l'Apen.
H.-Saône.	Vesoul.	155,000	Sapin, chêne, etc.
Saône-et-L.	Mâcon.	131,494	Chêne, charme, buis, sapin.
Sarthe.	Le Mans.	59,000	Charme, bouleau.
Seine.	Paris.	4,070	Essences mêlées.
S.-et-Marn.	Melun.	73,456	Chêne, charme, hêtre, pin, sapin.
S.-et-Oise.	Versailles.	74,600	Id., id., id., exotiques.
Seine-Infé.	Rouen.	84,140	Id., id., id., id.
Deux-Sèvr.	Niort.	37,500	Chêne, charme, hêtre, sapin.
Somme.	Amiens.	55,013	Chên. bl., charm.
Tarn.	Alby.	11,216	Chên. bl., yeuse.
T.-et-Gar.	Montaub.	13,250	Chên. tauzin, yeuse, chên. pyramid.
Var.	Draguign.	111,500	Liége, kermès, sapin, pin.
Vaucluse.	Avignon.	80,000	Id., id., id.
Vendée.	Bourb.-Ve.	20,000	Essences diverses.
Vienne.	Poitiers.	60,000	Chêne, orme, châtaignier.
H.-Vienne.	Limoges.	23,000	Id., id., houx.
Vosges.	Epinal.	220,000	Chên., char. sap.,
Yonne.	Auxerre.	160,000	Chêne, charme, bouleau.

En observant les bois attentivement, on remarque que les deux cinquièmes de leur superficie sont presque nuls pour les produits.

Ce qu'on en retire suffit à peine pour acquitter les contributions annuelles et les frais de conservation.

Qu'un cinquième n'est garni qu'à moitié, par les places vagues et les clairières qui s'y trouvent.

Il n'y a que les deux cinquièmes des bois qui soient bien plantés, et il se trouve encore des places vagues et des clairières.

Trois causes empêchent la production de se trouver en équilibre avec la consommation :

1°. L'abandon qu'on fait des bois à la nature, d'où est résulté l'état de détérioration où ils sont maintenant;

2°. Le vice d'exploitation des bois, qu'on coupe trop jeunes;

3°. Le défaut d'attention sur la croissance des mélèses, des pins et sapins sur les collines, et les sols les plus arides, ainsi que les pins et sapins qui s'élèvent très-haut où les chênes, les châtaigniers et autres refusent de croître.

Sept moyens de restauration et d'amélioration des bois peuvent remédier à tous les abus qui ont inquiété la France jusqu'à présent.

1°. Semer en transhumance, avec des graines et de jeunes arbres convenables à la nature des sols, toutes les clairières, de si petite étendue qu'elles soient, cinq à dix ans avant les exploitations des taillis ou des futaies, et ressemer et planter les endroits qui pourraient se trouver encore vides, l'année de l'exploitation.

2°. Sarcler annuellement les taillis pendant les quatre années qui suivent les coupes, en extirpant les plantes adventices pour désobstruer les jeunes plants d'arbres.

3°. A l'âge de cinq ans des taillis, faire une éclaircie, en ne laissant subsister que cinq mille brins par hectare des mieux venans et des plus vigoureux; chaque arbre occupera 2 mètres superficiels (environ 18 pieds).

A l'âge de dix ans des taillis, on abattra mille cinq cents brins par hectare réservés à l'âge de cinq ans, avec les recrus; il en restera trois mille cinq cents; chaque brin occupera 2 mètres cinq sixièmes (environ 25 pieds et demi).

A l'âge de quinze ans des taillis, on abattra mille cinq cents brins réservés à l'âge de dix ans; il en restera deux mille brins; chaque brin occupera 5 mètres superficiels (environ 45 pieds).

A l'âge de vingt ans des taillis avec les recrus, on abattra cinq ou six cents brins par hectare réservés à l'âge de quinze ans; il restera quatorze à quinze cents brins. Chaque brin occupera 6 mètres cinq neuvièmes superficiels (environ 50 pieds).

4°. Les échelles de progression d'accroissement de cubature comparées qui suivent démontreront les avantages de ne couper les arbres que quand ils ont atteint leur plus haut point d'accroissement.

5°. Greffer en approche à deux ou trois appareils de racines, afin d'obtenir des arbres aussi forts en dix ans qu'on les obtient en trente ans, et des courbes pour la marine et les arts.

6°. Écorcer sur pied les chênes et les châtaigniers deux ans avant qu'on les coupe, afin que l'aubier se transforme en bois parfait, et augmente d'un quart la grosseur des arbres pour tous les usages de haut service.

7°. Moucheter tous les grands arbres indigènes et exotiques naturalisés, pour la marqueterie, en appliquant des figures sur le bois pendant leur croissance, au moyen de quoi on crée trois branches d'industrie agricole, d'arts et de commerce intérieur et extérieur.

De la hauteur des arbres indigènes.

Les plus grands arbres de France qu'on trouve sur les hautes montagnes sont les mélèses, les pins et sapins, suivant les terrains et les expositions où ils sont plantés ; leur hauteur varie de 19 mètres 49 centimètres (60 pieds), les plus petits ; les plus grands de cette espèce s'élèvent à 38 mètres 98 centimètres (120 pieds) : ainsi leur hauteur moyenne est de 27 mètres 93 centimètres (86 pieds), pris collectivement avec les chênes, les châtaigniers, les aliziers, les bouleaux, l'aune et le charme, etc. ; leur hauteur moyenne est de 16 mètres 73 centimètres (51 pieds 4 pouces). Au moyen des éclaircies successives, les ▓▓▓ à feuilles caduques s'élèvent de 21 mètres ▓▓ centimètres (65 pieds 6 pouces).

L'aménagement des arbres à feuilles caduques varie suivant les terrains et les expositions à l'âge de dix, quinze, vingt, vingt-cinq, trente, quarante à cent ans et davantage. L'usage le plus constant est de réserver trente-deux baliveaux de l'âge du taillis, huit modernes de deux âges et quatre anciens de trois âges; mais depuis quelques années qu'on a trouvé un grand débit des bois de charpente, qui se vendaient extrèmement cher, on n'a réservé que des baliveaux de l'âge des taillis. Le nombre en a été augmenté entre cinquante à cent par hectare, ainsi que je l'ai remarqué dans les cahiers des charges des ventes des propriétaires, et même des bois royaux de l'État pour 1827.

Quand les pins et sapins ont acquis leur plus haut point d'accroissement, ou qu'ils se gênent dans leur croissance, on les abat çà et là; cette manière d'exploiter s'appelle *abattre en jardinant*: elle est en usage dans les montagnes des Vosges, du Jura, des Pyrénées et dans l'Helvétie.

RÉSULTATS DE PRODUITS OBTENUS DANS DIFFÉRENTES EXPLOITATIONS DE TAILLIS, FAITES DANS LE RAYON DE 5 MYRIAMÈTRES (10 LIEUES) DE PARIS.

Premier résultat.

Un taillis de vingt-six ans en bon fond, essences de chêne, charme et bouleau dominant, a produit collectivement soixante pièces ou solives de charpente par hectare après le sixième déduit en baliveaux de deux âges, en modernes de trois âges, et anciens de quatre âges; chaque pièce, concordant à un décistère, a été vendue 7 francs.

Chaque hectare a fourni 7 décastères de bois dur pour le chauffage, qui ont été vendus 90 fr. le décastère;

Plus, six décastères de bois blanc en bouleau et tremble, qui ont été vendus 72 fr. le décastère.

Chaque hectare a fourni deux mille cinq cents fagots, qui ont été vendus 35 francs le cent ;

Plus, deux mille bourrées de brindilles, qui ont été vendues 20 francs le cent.

Les cinq sommes réunies font 2,659 francs, sur quoi il faut déduire 187 francs pour frais de liage, sciage et encordage, à raison de 2 francs 50 centimes par cent de fagots et bourrées et par demi-décastère ou corde de bois à brûler. L'équarrissage se trouve compensé par la vente des copeaux ; les appointemens du garde de vente se sont trouvés aussi compensés par la plus-value-vente des bois de choix.

Le revenu annuel de chaque hectare s'élève à 102 francs 76 centimes par an et une fraction de 24 centimes négligée.

Deuxième résultat.

Un taillis de l'âge de vingt ans, sol médiocre, perméable aux racines, de 30 à 40 centimètres de profondeur (1 pied à 15 pouces), essence de chêne dominant, chaque hectare a produit collectivement vingt-cinq pièces (2 stères 500 millistères de bois de charpente rurale), qu'on a vendues 5 francs la pièce.

Chaque hectare a fourni 2 décastères de bois dur pour chauffage, qu'on a vendus 85 francs le décastère ;

Plus, 15 décastères de bois à charbon, qu'on a vendus 32 francs le décastère.

Chaque hectare a fourni quatre cents fagots, qu'on a vendus 25 francs le cent ;

Plus, 2,500 bourrées de brindilles, qu'on a vendues 16 francs le cent.

Les cinq sommes réunies font 1,255 francs; restent net 1,093 francs 59 centimes.

Les frais de fabrication se sont élevés à 161 fr.

Le produit annuel de chaque hectare est de 57 fr. 67 centimes et une fraction négligée.

Troisième résultat.

Un taillis aménagé à l'âge de dix-huit ans, partie en côte inclinée et moitié du sol unie, chaque hectare a produit vingt pièces (2 stères de bois de charpente pour les constructions rurales), qu'on a vendues 5 francs la pièce ou décistère.

Chaque hectare a fourni 2 décastères de bois dur à brûler, qu'on a vendus 80 francs le décastère;

Plus, un décastère de bois blanc, qu'on a vendu 70 francs.

Chaque hectare a fourni douze cents fagots, qu'on a vendus 33 francs le cent;

Plus, 1,500 bourrées, qu'on a vendues 20 francs le cent.

Il y a à déduire 60 francs 75 centimes pour frais d'exploitation à 2 francs 75 centimes par cent de liage et de cordage, non compris les frais de garde de vente.

Le revenu annuel est de 53 francs 62 centimes.

Quatrième résultat.

Un taillis aménagé à l'âge de vingt-trois ans, sol uni, chaque hectare a fourni dix pièces (un stère de chétive charpente), qu'on a vendues 4 fr. la pièce, fait 40 fr. ; un seul chêne, dans 24 hectares, a fourni 4 stères 113 millistères, quarante pièces de belle charpente, qu'on a vendues 10 fr. la pièce : le tout fait 400 fr.

Chaque hectare a fourni un décastère et demi de bois dur à brûler, qu'on a vendu 80 francs le décastère, ce qui fait 120 francs;

Plus, 8 décastères de bois à charbon, qu'on a vendus 28 francs le décastère.

Chaque hectare a fourni 2,000 bourrées, qu'on a vendues 15 francs le cent.

Il y a à déduire pour frais de fabrication, plus difficiles qu'à l'ordinaire, 65 francs par hectare; restent net 607 francs, qui, divisés entre vingt-trois, nombre des années de l'aménagement, donnent un revenu annuel de 26 francs 38 centimes et une fraction négligée.

Cinquième résultat.

Un taillis aménagé à l'âge de dix-huit ans, d'essences mêlées de chêne, charme, bouleau et tremble; chaque hectare a fourni 4 stères de bois, quarante pièces de charpente, qu'on a vendues 5 francs 50 centimes la pièce.

Chaque hectare a fourni trois décastères de petits rondins de bois dur, qu'on a vendus 75 fr. le décastère.

Ce taillis, bien planté, a fourni 18 décastères de bois à charbon, qu'on a vendus 28 francs le décastère ou 14 francs la corde;

Plus, 2,000 bourrées de venelle produites par les brindilles, qu'on a vendues 13 francs le cent.

(17)

Les frais d'exploitation ont coûté 2 francs par corde et 2 francs par cent de bourrées.

Restent net 1,075 francs.

Le produit de chaque hectare annuellement, 53 francs 75 centimes.

Sixième résultat.

Un taillis aménagé à l'âge de dix-huit ans, planté d'essences diverses, a fourni 4 stères, quarante pièces par hectare de bois de charpente et pour les arts, qu'on a vendues 7 fr. la pièce.

Chaque hectare a fourni 4 décastères de bois de moule à brûler; on en a débité d'un mètre 14 centimètres (3 pieds et demi), d'un mètre 70 centimètres (4 pieds) et d'un mètre 35 centimètres (4 pieds 2 pouces) de longueur : on les vendait 100 francs le décastère ;

Plus, 3 décastères de bois blanc, qu'on a vendus 72 francs le décastère.

Chaque hectare a fourni 15 décastères (30 cordes) de bois à charbon, qu'on a vendus 30 francs le décastère ;

Plus, 2,000 bourrées, qu'on a vendues 15 francs 50 centimes le cent.

Les frais d'exploitation se sont trouvés balancés par les plus-values-ventes de bois de choix.

Le revenu annuel de chaque hectare donne 86 francs 44 centimes et une fraction négligée.

Le calcul des produits des six exemples d'exploitation qui précèdent démontre physiquement que chaque hectare de l'âge moyen de vingt et un ans donne moyennement 9 décastères et demi de bois, en compensant 3 décastères de bois à charbon pour un décastère de bois de moule : ainsi dans le cours de cent quatre ans, en suivant la même progression, chaque hectare fournit 36 décastères de bois, ou l'équivalent, soit en charpente et en bois à brûler.

Ainsi, dans l'état actuel des bois, en les supposant aménagés à l'âge de vingt-cinq ans, les 6,500,000 hectares donnent à couper, chaque année, 309,524 hectares. Si chaque hectare fournit 9 décastères et demi de bois, la récolte de chaque année doit être de 2,940,472 décastères, ou 29,404,720 stères de bois de charpente, de bois de chauffage et de bois à charbon. Chaque hectare donne 2,683 fagots et bourrées ; les bois qu'on exploite chaque année doivent fournir 715,152,892 fagots ou bourrées : dans cinq coupes successives, de l'âge moyen de vingt et un ans, on recueille 35,756,444,460 fagots et bourrées.

En suivant la progression des produits des bois abandonnés à la nature, d'après les résultats que j'ai obtenus, et même en forçant les calculs, on obtient 9 décastères et demi de bois à l'âge moyen de vingt et un ans : ainsi dans le cours de cent quatre ans, l'hectare fournit 38 décastères, comme on l'a vu précédemment.

En suivant les échelles de progression d'accroissement, on trouve que le produit de vingt éclaircies successives fournit 22 décastères 847 millistères ; les 140 arbres de l'âge de cent quatre ans restant sur le sol d'un hectare représentent chacun 3 stères 568 millistères, qui font 43 décastères 568 millistères, les deux produits d'éclaircies ; et ce que représentent les 140 arbres restant sur le sol donne 65 décastères 915 millistères, presque le double du produit des bois abandonnés à la nature. Je ne comprends pas les produits en fagots et bourrées des vingt éclaircies successives ; mais elles sont dans la proportion des bois de charpente et de chauffage, c'est-à-dire plus que le double. Il faut bien remarquer que, dans les cas d'éclaircies, je ne donne pas les produits aussi forts qu'on les obtient ; au lieu que, dans mon évaluation des produits généraux des bois, je force les calculs au-dessus de tout ce qu'on obtient : ce qui va suivre démontrera mon assertion.

En observant les ventes de bois en usances, on remarque qu'elles offrent les sols presque nus ; un hectare composé de 10,000 centiares ou mètres carrés ne se trouve couvert que de 256 centiares, occupés par les réserves nuisibles de quatre anciens, seize modernes et 30 à 60 baliveaux de l'âge du taillis ; il reste par conséquent 9,744 centiares de découverts et absolument nus, l'année de l'exploitation ; mais ce vide occupe 16 mètres 66 centimètres de hauteur dans le vague de l'air, puisque la hauteur moyenne des arbres est de 51 pieds 4 pouces ; ce qui fait 146,145 mètres cubes de vide par hectare, et seulement 1,845 mètres cubes occupés par les réserves des anciens, des modernes et des baliveaux, et encore les baliveaux n'ont qu'environ 8 mètres 12 centimètres (25 pieds) de hauteur, toujours pauvres de branches, devenant languissans au point que le choc des vents les incline de manière que beaucoup d'entre eux ne peuvent pas se relever ; leur faiblesse se manifeste encore par des pousses faibles et languissantes, qui couvrent les tiges du haut en bas ; les deuxième et troisième années qui suivent les coupes, rarement les modernes ont la hauteur de 16 mètres 66 centimètres ; il n'y a que les anciens qui ont souvent cette hauteur de plus de 16 mètres ; mais c'est dans les bons fonds. Voilà où gît le vice des exploitations des bois : le vide dans le vague des airs est de de 39/40 l'année de l'exploitation. A la vérité, pour que les arbres grossissent constamment et également jusqu'à l'âge de cent ans, il faut en diminuer le nombre dans la proportion d'un peu plus qu'un neuvième, de vingt-cinq à cent ans ; le restant doit compléter le nombre cent quarante que chaque hectare doit contenir à l'âge de cent ans. Cette quantité est conforme à ce qu'on trouve dans les futaies en bons fonds, quoique abandonnées à la nature ; les arbres des futaies sont mal proportionnés dans leurs distances respectives, c'est encore un vice qui disparaît par les éclaircies.

En comparant des arbres du grossissement annuel de 20 millimètres 9 lignes à l'âge de vingt-cinq ans, et de la hauteur de 8 mètres 12 centimètres, leur cubature donne 31 millistères, et un arbre de l'accroissement de 24 millimètres 1/2 (11 lignes), de la hauteur de 21 mètres 27 centimètres (65 pieds 1/2), donne 3 stères 112 millistères, qui, divisés par 31, produit de l'âge de vingt-cinq ans, donnent un quotient cent fois plus que 31, obtenus à vingt-cinq ans.

En comparant encore la valeur de l'arbre de cent ans avec vingt-sept arbres de l'âge de vingt-cinq ans qu'on obtient dans trois coupes successives, et chaque arbre fournissant 31 millistères, on n'a encore recueilli que 837 millistères au lieu de 3,112 millistères : en ce sens, l'arbre de cent ans donne encore presque quatre fois autant que vingt-sept arbres de l'âge de vingt-cinq ans ; mais 3 stères 112 millistères de bois de charpente, après le cinquième déduit, cubent 13 à 16 centimètres (5 à 6 pouces). On paiera une pièce de bois de cette dimension 29 fr. 33 cent., en comptant 6 fr. la pièce ; au lieu que 837 millistères de bois de chauffage ne vaudront que 8 fr. 60 cent., en comptant le décastère au prix de 90 fr.

Dans ce troisième sens, la valeur de l'arbre de cent ans vaut plus que trois fois autant que les bois de moule de vingt-sept arbres qui auraient donné des recrus pendant soixante-quinze ans sans nuire à la croissance des arbres.

Il est impossible de ne pas s'apercevoir que l'exploitation des bois est vicieuse, et qu'il est absolument urgent de réformer les aménagemens qu'on a suivis jusqu'à présent. C'est à tort qu'on prétend qu'un arbre ne croît pas autant après soixante-quinze ans qu'il a cru avant, puisqu'au contraire l'expérience nous fait connaître qu'un arbre bien pourvu de racines et sur-tout de branches grossit plus à cet âge, s'il est de longue vie ; seulement il s'élève moins en hauteur : aussi dans les échelles de progression j'ai eu soin de régulariser les hauteurs probables.

Les taillis de deux ans ont des rejets sur souches de 65 à 97 centimètres (2 à 3 pieds) de hauteur; ils sont plus multipliés que l'année de l'usance: si on n'a pas soin de couper les herbes comme on le devrait faire, elles répandent leurs graines; les plantes adventices et vivaces prennent une croissance spontanée, elles couvrent tellement les sols, que les jeunes plants d'arbres en sont étouffés; les seuls arbres qui résistent en partie à cet inconvénient sont les bouleaux, les frênes, les pins et sapins.

Si quelques graines d'arbres étrangers se rencontrent dans un canton en exploitation, ce sont les espèces d'arbres qui en proviennent qui prospèrent le mieux; ce qui annonce la nécessité des rotations de cultures.

La troisième année qui suit les coupes de bois, les causes nuisibles aux jeunes arbres se multiplient; l'herbe devient plus touffue et fait périr plus de plants; les rejets sur souches croissent d'autant plus qu'il n'y a pas de réserve: c'est alors qu'on peut apprécier le mérite des bouleaux comme une des merveilles de la nature pour les regarnis naturels; on découvre que les graines de cet arbre précieux sont poussées par les vents de 10 à 100 mètres (30 à 300 pieds) de distance des étalons; elles donnent naissance à des milliers de jeunes arbres qui résistent le mieux à la voracité des plantes parasites: heureux les propriétaires qui possèdent six grands arbres de cette espèce par hectare à réserver lorsqu'on fait les balivages! Les jeunes bouleaux acquièrent promptement la force nécessaire pour se défendre et dominer même les autres arbres, et même protéger leur croissance en les rendant bien venans. Les baliveaux réservés restent faibles et languissans, à moins que les coupes ne se soient effectuées à l'âge de dix-huit ans du taillis : dans ce cas, ils se mettent en tête de pommier. Cet inconvénient est plus désavantageux que le premier.

La quatrième année qui suit la coupe des taillis, les chances défavorables aux jeunes plants augmentent, et l'herbe couvre les terrains tellement, qu'elle empêche les graines d'arbres de tomber jusqu'à terre ; les baliveaux réservés commencent à reprendre de la force et grossissent plus que les trois précédentes années ; leurs branches étant mieux pourvues de feuilles, qui influent d'une manière si utile aux progrès de la végétation, les gelivures et les cadranures se recouvrent de nouveau bois. On rencontre de jeunes bouleaux de 2 mètres de hauteur et de 6 à 10 centimètres de tour.

La cinquième année, après les coupes, les causes nuisibles aux jeunes plants sont à leur comble. Il est utile de faire une première éclaircie, d'arracher toutes les épines, les ronces, les genêts et les bruyères ; de couper rez terre les coudriers, les cornouillers sanguins et autres arbrisseaux qui prennent toute leur croissance en cinq à six ans ; d'extraire toutes les souches mortes, qu'on remplace par de jeunes plants de bouleau ou d'arbres verts. Ces plantations partielles doivent s'effectuer dans le mois de novembre jusqu'au mois de mars de chaque année : à cet âge, si on abandonne les bois à la nature, quelques brindilles et traînards meurent, les éclaircies se font naturellement, mais trop lentement; l'intelligence de l'homme doit venir au secours de la nature.

Si on abandonne les bois, la croissance des brins les plus forts se ralentit très-sensiblement.

Dans un taillis de sept ans, j'ai compté trente mille brins d'essences mêlées ; six mille brins suivaient la direction perpendiculaire et paraissaient vigoureux ; quinze mille végétaient dans la direction de 20 à 30 degrés du quart de cercle ; le reste, très-faible, végétait horizontalement ou rampait sur terre : ces derniers brins s'appellent *traînards*. Ainsi il est facile de juger que les vingt-cinq mille brins qui sont sur le sol ne végètent qu'au préjudice des arbres qui dirigent leur croissance dans la direction perpendiculaire.

Dans l'état actuel des bois, j'ai fait de grandes éclaircies dans la forêt d'Armainvilliers (Seine-et-Marne), appartenant à S. A. S. Madame la duchesse d'Orléans-Penthièvre : les opérations n'étaient basées sur aucun principe ; ce n'était qu'un commencement d'amélioration qui a eu ses avantages ; elles étaient commandées par l'urgente nécessité de réédifier une partie des bois, qui étaient détériorés tout-à-fait et au point, qu'il ne restait que quelques cépées de grands arbres rachitiques ; elles étaient ordonnées par M. Mabille, inspecteur général de cette forêt. Le travail était surveillé par M. de Longueil, sous-inspecteur, et par M. Chatelain, garde général : quinze cents hectares ont été éclaircis et désobstrués d'épines, de ronces et autres parasites ; 75 hectares (150 arpens) ont été regarnis de jeunes chênes et bouleaux bien venans, qui ont poussé spontanément. Ce succès est dû aux labours partiels qu'on faisait en arrachant les épines qui avaient anéanti les grands arbres, et aux brûlis d'herbes sur de grandes étendues vagues. Cette opération a fait économiser 19,200 francs à la princesse, que les habitans du pays voulaient exiger en sus de l'abandon du produit des éclaircies.

Dans ce même canton, M. le baron Petit a fait restaurer une grande étendue de bois; mais ces éclaircies étaient mieux entendues : il faisait couper rez terre les noisetiers et autres arbrisseaux semblables qui prennent leur croissance en cinq à six ans; tous les brins faibles étaient abattus quand ils végétaient horizontalement.

M. Mabille, juste appréciateur de tout ce qui tourne au profit du fonds, profita de mes dispositions; il me proposa pour faire les éclaircies semblables aux premières, dans des forêts de Sa Majesté, à Aulnay, Mitry et Bondy, dont il était conservateur : la proposition fut agréée, quoiqu'en opposition avec l'ordonnance de 1669, qui, comme le Code forestier de 1827, s'oppose à toute espèce d'enlèvement dans les bois. Dans cette opération, je ne faisais pas de semis, mais j'étais tenu à une rétribution assez importante; je ne pus pas conduire mon travail comme à la forêt d'Armainvilliers, où on m'abandonnait les produits. Ici, on traitait par intérêt, et dans ce cas il faut traiter en père de famille, de l'un à l'autre. La différence de ces procédés est extrême, et les résultats n'ont pas été avantageux.

Les arrachis d'épines et autres arbrisseaux nuisibles sous taillis de dix à quinze ans ont pour résultat leur destruction totale; au lieu que quand on arrache en exploitant les bois, le sol étant découvert, chaque petite racine inaperçue, naturellement vivace, donne naissance à une nouvelle cépée : ainsi, au lieu de détruire ces arbrisseaux, on donne lieu à leur propagation.

A la forêt de Bondy, dans les propriétés de M. de Gourgues, j'ai vu des regarnis de bois par marcottes de bouleau, qui ont parfaitement réussi. Il est à désirer que ce sage propriétaire soit imité par un grand nombre.

Dans le même canton, trois à quatre ans après les coupes des taillis, on extirpait les souches mortes, et on plantait d'autres plants de chêne et bouleaux ; les remplacemens faits de novembre jusqu'en mars réussissaient assez bien ; de légers binages auraient favorisé leur réussite, mais on les abandonnait à leurs propres forces ; il en périssait beaucoup. Cette opération mérite d'être encouragée.

L'intérêt public réclame depuis long-temps des modifications dans l'exploitation des bois, afin de rétablir l'équilibre entre la consommation, qui s'accroît chaque jour, et la reproduction, qui décroît dans la même proportion, au point qu'il n'y a plus d'équilibre à espérer dans les produits futurs des bois. Mais on est tellement habitué à recevoir les bois des mains de la nature tels qu'elle les donne, qu'il est difficile de prendre d'autres dispositions ; cependant les arbres, comme tous les autres végétaux, prospèrent beaucoup mieux quand ils sont cultivés que lorsqu'ils sont abandonnés.

On remarque que, depuis sept à huit ans, on ne réserve plus que des baliveaux de l'âge des taillis, sans que les abatages inconsidérés soient compensés par des hautes futaies ; les bois communaux, ceux des particuliers et du Gouvernement même sont dépouillés d'anciens et de modernes : cette circonstance fait craindre avec raison de manquer totalement de charpente ; dans cinquante ans, ce malheur se fera sentir d'une manière cruelle.

Tableau des arbres propres à la composition des forêts de France dans la proportion de cinq mille par hectare, et répartition de ces arbres pour les semis et plantations en transhumance sur les sols humides, sur les sols frais et profonds, sur les sols plus secs que mous, sur les sols les plus arides et sur les hautes collines.

DÉNOMINATION.	Sols profonds et frais.	Sols humides.	Sols secs.	Sur les hautes collines et sur les sols arides.
	quantit.	quantit.	quantit.	quantit.
Alizier..........	»	»	100	100
Aylanthe........	200	300	200	800
Aune...........	»	500	»	»
Bonduc.........	4	2	5	4
Bouleau........	600	500	600	500
Cèdre..........	000	000	100	100
Charme.........	4	4	4	100
Châtaignier.....	200	100	200	100
Chêne..........	200	4	100	100
Cerisier, merisier.	100	»	200	20

DÉNOMINATION.	Sols profonds et frais.	Sols humides.	Sols secs.	Sur les hautes collines et sur les sols arides.
	quantit.	quantit.	quantit.	quantit.
Cornouiller....	4	4	4	100
Cyprès........	200	200	100	50
Cytise.........	»	»	200	400
Érable.........	200	300	200	100
Févier.........	100	100	100	200
Frêne..........	200	200	100	»
Ginko.........	2	3	10	»
Gaînier........	100	100	100	200
Genévrier.....	»	»	»	100
Hêtre..........	200	200	200	100
Houx..........	2	4	4	4
If.............	2	6	4	100
Marronnier....	4	50	»	»
Mélèse.........	»	»	200	400
Mûrier.........	200	100	200	»
Micocoulier....	100	100	300	100
Noisetier......	100	100	100	200
Noyer.........	50	100	100	100
Orme..........	200	200	100	»
Peuplier.......	400	400	200	»
Pin............	100	100	200	100
Poirier........	2	»	2	2
Pommier.......	2	»	2	2
Platane........	200	200	200	»
Sapin..........	50	»	100	100
Robinier.......	600	500	500	500
Saule..........	200	500	300	500
Sophora........	10	4	4	»
Sorbier........	10	»	100	»
Sumac.........	»	»	»	200
Sureau.........	4	4	10	100
Tilleul.........	300	100	200	»
Tulipier........	100	200	200	»
Thuya.........	4	»	100	100
Buis...........	4	»	100	100

Les quarante-cinq espèces ou genres d'arbres que j'indique au tableau ci-dessus donnent cent deux variétés d'arbres qu'on peut cultiver au centre et au nord de la France, et à peu près deux cents variétés qui peuvent être répandues dans les quatre climats ou zônes du royaume : peu de nations offrent une collection de richesses aussi importante de grands végétaux. Avec cette collection d'arbres cultivés concurremment, on aura des abatages de recrus à faire à toutes les époques d'éclaircies quinquennales, tout en élevant des hautes futaies : les moyens que j'indique sont propres à atteindre tout le degré de perfection dans la culture des bois et sur-tout le plus haut point de prospérité.

Les proportions indiquées pour les semis doivent être modifiées, suivant les expositions et les qualités de terrains qui diversifient à chaque distance très-rapprochée : c'est à l'intelligence des cultivateurs qu'on doit en appeler pour diriger les semis et plantations.

Si des mains habiles dirigent bien les opérations de culture économique, on peut être assuré d'une réussite au-delà des connaissances actuelles. La théorie pour les éclaircies consiste à s'assurer du grossissement annuel de chaque espèce d'arbre : en supposant que le grossissement moyen soit de 24 millimètres 1/2 (11 lignes) dans un canton, on coupera tous les brins dont le grossissement n'aura pas dépassé 20 millimètres (9 lignes). Cette observation est la base de toutes les opérations d'éclaircies, de tous les accroissemens supérieurs ou inférieurs à 24 millimètres 1/2, en ayant soin de réserver la quantité de brins nécessaire pour couvrir les espaces, savoir : à l'âge de cinq ans des taillis, cinq mille brins ; à l'âge de dix à quinze ans, trois mille cinq cents ; de l'âge de quinze à vingt ans, deux mille brins ; de l'âge de vingt à vingt-cinq ans, quatorze à quinze cents brins ; de l'âge de vingt-cinq à trente ans, onze à douze cents brins, etc. Les arbres ainsi traités croissent extraordinairement d'un cinquième plus que quand ils sont abandonnés à la nature ; mais ce cinquième dans la croissance donne les produits doubles. (Voyez les échelles de progression et de cubature comparées.)

Pendant les éclaircies, les semis sous bois s'effectuent dans les endroits où les ouvriers doivent travailler, tous les matins pendant l'automne et l'hiver même, pour plusieurs jours, quand les grandes gelées ne sont pas à craindre ; les graines se trouvent suffisamment enterrées par le trépignement des travailleurs, qui passent et repassent sans cesse dans les mêmes endroits pour couper et lier les brindilles, d'autres, en faisant les arrachis qui doivent suivre immédiatement.

Pour faire les semis utilement, il faut reconnaître la qualité des terrains et se pourvoir de graines conformes à la nature des sols qu'on veut semer en transhumance ; de si petite étendue qu'ils soient, il est avantageux d'y placer des espèces d'arbres qui y croîtront le plus vigoureusement.

Mode d'aménagement des forêts par éclaircies et semis en transhumance basé sur une étendue de 1,500 hectares, pendant quinze ans consécutifs, et supposés aménagés à l'âge de vingt-cinq ans.

La première année on éclaircira :

1°. 75 hectares, de l'âge de cinq ans ; on réservera cinq mille brins par hectare ;

2°. 75 hectares de l'âge de dix ans avec les recrus ; on abattra quinze cents brins réservés à l'âge de cinq ans ;

3°. 75 hectares de l'âge de quinze ans avec les recrus ; on abattra quinze cents brins réservés à l'âge de dix ans ;

4°. 75 hectares de l'âge de vingt ans avec les recrus ; on abattra cinq à six cents brins réservés à l'âge de quinze ans ; ces 75 hectares seront semés en transhumance, suivant la répartition du tableau, page 28. La dixième année, les 1,500 hectares seront semés en transhumance, et éclaircis pour la deuxième fois.

Pendant les cinq ans qui suivent les dix années d'éclaircies et semis en transhumance, s'il se trouve encore des vides dans les bois par l'effet du manque de réussite dans les premier et deuxième semis, on regarnira autant qu'il sera nécessaire.

Échelles de progression d'accroissement et et exotiques, des grossissemens annuels de 24 millimètres ½ (11 lignes) et de

Grosseur annuelle de 20 mil. (9 lignes); bois abandonnés à la nature.					Grosseur annuelle de 24 millimètres ½ (11 lignes), après les éclaircies.				
Age du bois.	Longueur du bois en pieds.	Longueur du bois en mètr.	Grosseur en millimètr.	Produit en stères.	Age du bois.	Longueur du bois en pieds.	Longueur du bois en mètr.	Grosseur en millimètr.	Produit en stères.
5	5	1,62	050	0,000	5	5	1,62	061	0,000
10	10	3,25	100	0,002	10	10	3,25	123	0,003
15	15	4,87	150	0,008	15	15	4,87	184	0,013
20	20	6,50	200	0,021	20	20	6,50	245	0,024
25	20	6,50	250	0,031	25	25	8,12	306	0,065
30	25	8,12	300	0,047	30	30	9,74	367	0,112
35	30	9,74	350	0,099	35	35	11,97	428	0,162
40	30	9,74	400	0,139	40	35	11,97	490	0,234
45	33	10,72	450	0,185	45	40	12,99	551	0,366
50	33	10,72	500	0,229	50	40	12,99	612	0,419
55	35	11,37	550	0,298	55	45	14,62	671	0,570
60	35	11,37	600	0,366	60	45	14,62	735	0,680
65	38	12,34	650	0,452	65	50	16,24	796	0,979
70	40	12,99	700	0,571	70	50	16,24	857	1,027
75	45	14,62	750	0,741	75	55	17,86	918	1,302
80	45	14,62	800	0,841	80	60	19,49	980	1,832
85	48	15,75	850	0,993	85	60	19,49	1,041	2,104
90	50	16,12	900	1,111	90	65	21,11	1,102	2,215
95	51⅓	16,12	950	1,293	95	65	21,11	1,163	2,558
100	51⅓	16,56	1,000	1,502	100	65½	21,27	1,225	2,848

cubature comparées des arbres indigènes et moyens de 20 millimètres (9 lignes) 41 millimètres (18 lignes).

Grosseur annuelle de 41 millimètres (18 lignes), attribuée aux arbres étrangers.					Nombre des arbres à abattre et à réserver depuis 5 ans jusqu'à 100 ans.	
Age du bois.	Longueur du bois en		Gross. en milli.	Produit en stères.	Arbres à abattre.	Arbres à réserver.
	pieds.	mètr.				
5	5	1,62	97	0,002		5000
10	10	3,25	204	0,011	1500	3500
15	15	4,87	304	0,039	1500	2000
20	20	6,50	405	0,093	600	1400
25	25	8,12	507	0,181	300	1100
30	30	9,74	609	0,314	300	800
35	35	11,37	711	0,470	300	500
40	40	12,99	813	0,747	200	300
45	45	14,62	914	1,065	14	286
50	50	16,24	1,015	1,458	14	272
55	50	16,24	1,116	1,767	14	258
60	55	17,86	1,217	2,314	14	244
65	60	19,49	1,318	2,956	13	231
70	65	21,11	1,416	3,666	13	218
75	65	21,11	1,519	4,280	13	205
80	70	22,74	1,624	5,220	13	192
85	70	22,74	1,727	5,774	13	173
90	85	27,61	1,828	8,044	13	166
95	85	27,61	1,929	8,768	13	153
100	86	27,93	2,031	10,047	13	140

Explication des échelles de progression.

Le premier tableau du grossissement de 20 millimètres (9 lignes) est tiré des mesurages que j'ai faits dans des bois de l'âge de vingt ans abandonnés à la nature.

Le deuxième tableau du grossissement de 24 millimètres 1/2 (11 lignes) est tiré des mesurages qui ont eu lieu dans les bois où j'ai fait des extractions d'épines. J'ai remarqué que, dans ces derniers, les arbres prennent plus d'accroissement après l'âge de vingt ans, et que dans les bois abandonnés le contraire arrive.

Le troisième tableau du grossissement de 41 millimètres est tiré des mesurages que j'ai faits sur deux cent quarante-quatre arbres d'avenues de l'âge de vingt-cinq ans, dans les propriétés de M. le duc de Praslin, près Melun (Seine-et-Marne), d'essences d'acacias, d'ormes, d'érables d'Amérique, de platanes, d'ypréaux et d'érable rouge, etc. Un orme-parasol de quatre-vingts ans a grossi, pendant cet espace, de 4 mètres 55 centimètres ; son accroissement a été de 57 millimètres par année ; un autre de même espèce a grossi de 48 millimètres ; un érable-négundo a grossi plus encore ; des pins sylvestres ont grossi d'un mètre 50 centimètres en vingt-six ans ; des tulipiers, d'un mètre ; des pins Weymouth, d'un mètre 25 centimètres ; des épicéas, de même : tous ces arbres sont en massifs très-rapprochés les uns des autres.

Plusieurs cyprès distiques ont grossi de 13 millimètres 1/2 par an ; mais on sait que ce bois est incorruptible : leur accroissement devient important sous ce rapport.

Le premier cèdre du Liban planté en Europe a grossi de 57 millimètres pendant soixante-treize ans, et un pin laricio de 46 millimètres aussi par an pendant quarante-sept ans, au Jardin du Roi, à Paris ; tous deux plantés sur un sol sec : ce dernier est plus grand que le premier.

J'en ai mesuré chez M. le marquis de Tanlay (Yonne), des mêmes espèces, d'un accroissement plus considérable que les précédens, mais sur un sol plus riche.

Les échelles de progression après les éclaircies donnent le double de produits que quand les bois sont abandonnés à la nature ; la chose est naturelle, les arbres restans ont plus de place pour étendre leurs branches, et on sait que les feuilles sont plus utiles à l'accroissement que les racines ; on voit qu'en semant en transhumance on peut obtenir plus de quatre à cinq fois autant de produits qu'on en a obtenu jusqu'à présent : aucun motif ne doit troubler sur les moyens de rétablir l'équilibre entre la production et la consommation, puisque l'accroissement moyen des arbres sera à l'avenir de 33 millimètres (15 lignes) par année, au lieu de 20 millimètres (9 lignes).

Nomenclature des grands arbres indigènes et exotiques qui peuvent être cultivés en forêts et terrains où ils croissent le mieux ; époques de la maturité de leurs graines ; leur poids par décistère quand ils sont verts et quand ils sont secs ; leur retraite par le desséchement, suivant M. Varennes de Fenille.

Alizier (*cratægus aria*). Arbre de moyenne grandeur, terrains montueux ; semer les graines aussitôt sorties des fruits, ou stratifier : sec, il pèse 76 kilog. ; il fait retraite de 1/60.

AULNE OU VERGNE (*alnus*). Lieux humides sur le bord des eaux courantes, graines mûres à la fin de l'été. Cet arbre se multiplie de marcottes et de boutures : sec, il pèse 51 kilog. 1/2 ; vert, il pèse 91 kilog. 1/2 ; il fait retraite de 1/12.

AYLANTHE OU VERNIS DU JAPON. Ne se produit que de marcottes.

BONDUC (*guilandina*). Arbre des Indes qui n'est pas recommandable.

BOULEAU (*betula alba et vinca*). Ses graines coniques sont mûres à la fin de l'été ; comme l'aune, on les stratifie dans du bois pourri ; le plus précieux des bois pour les regarnis naturels sur tous les terrains : sec, il pèse 52 kilog. 1/2 ; vert, il pèse 91 kilog. (1) ; il fait retraite de 1/12 en se desséchant.

---

(1) Si on coupe le bouleau pendant l'hiver et qu'il survienne de grandes gelées, les souches meurent infailliblement, au lieu que si on les coupe au mois de mars, quand les grandes gelées ne sont plus à craindre, on est assuré qu'il en meure très-peu. Le bouleau est si précieux, qu'on ne peut pas trop le recommander à l'attention de tous les cultivateurs et des forestiers.

Buis (*buxus, foliis ovatis*). Ses graines sont mûres au commencement de l'automne. On les multiplie de marcottes et de crossettes, de rameaux de la dernière et de l'avant-dernière année. Sec, il pèse 103 kilog.; vert, il pèse 121 kil.

Cèdre du Liban (*pinus cedrus*). Ses graines restent deux ans sur l'arbre. Semé au nord, dans de la bruyère sur les sols arides, il croît rapidement. Le premier planté en Europe a grossi de 46 millimètres 20 lignes pendant soixante-treize ans.

Charme (*carpinus campestris*). Arbre des forêts très-vivace ; celui qui porte le fruit du houblon me paraît plus faible ; le premier est d'un triste produit. Leurs graines sont mûres au milieu de l'automne ; stratifiées, elles lèvent la première, deuxième et troisième année. Sec, il pèse 76 kilog.; vert, il pèse 91 kilog. : il fait retraite de 1/4 et 1/48.

Chataignier (*fagus castanea*). Grand arbre du penchant des montagnes et des vallées : exposé au sud, il donne de bons produits en fruits ; ses graines mûrissent en automne. Stratifier profondément en terre ; bon bois de charpente, etc. Sec, il pèse 61 kilog.; vert, il pèse 102 kilog. : il fait retraite de 1/24 et 1/64.

Le chêne blanc, sec, pèse 90 kilog.; vert, 110 kilog. : il fait retraite de 1/12. Le chêne rouge, sec, pèse 83 kilog.; vert, il pèse 118 kilog.; il fait retraite de 1/16.

Chêne (*quercus alba, quercus robur*, etc). Sur tous les sols la graine de quelques-uns reste deux ans sur l'arbre ; la plus grande partie tombe à la fin de l'automne. Sept espèces prospèrent en France, le chêne-châtaignier d'Amérique sur les terrains humides; son écorce tombe par plaques comme celle du platane; le chêne rouge, le quercus tinctoria, etc. Diverses espèces se trouvent à Versailles, à Rambouillet, au Petit-Trianon et dans les anciennes propriétés de M. Duhamel-Dumonceau. Le chêne-rouvre et le chêne-tauzin peuplent les forêts des Landes et de la Gironde; stratifier leurs graines profondément en terre : leur fruit, qui engraisse les bestiaux qui s'accoutument bien à cette nourriture, mériterait qu'on cherchât à les conserver en silos, comme M. Ternaux conserve du blé à Saint-Ouen, pendant plusieurs années, sans se détériorer.

CERISIER (*prunus avium*), MERISIER (*mahaleb, prunus odorata*). Leurs graines sont mûres au milieu de l'été : le premier est un arbre utile des forêts; le deuxième fait la base des semis de bois sur les sols arides. Stratifier leurs graines, ou les semer aussitôt dépouillées du fruit : elles lèvent la première et deuxième année. Sec, le mahaleb pèse 93 kilog. Sec, le merisier pèse 81 kilog.; il fait retraite de 1/16.

CORNOUILLER (*cornus malus*). Propre à la démarcation des propriétés, de très-longue vie; ses graines, cornées, sont mûres au commencement de l'automne; semées immédiatement, elles lèvent la première et troisième année. Il pèse, sec, 104 kilog. par pièce ou décistère.

CYPRÈS (*cupressus sempervirens*). Arbre propre à la culture des départemens méridionaux; on le multiplie de marcottes, de boutures et de graines; cyprès à feuilles de thuya, arbre des marais; cyprès distique (*cupressus distica*), arbre des marais fangeux et tourbeux; il donne de bonnes graines dans les anciennes propriétés de M. Duhamel-Dumonceau et chez M. le duc de Praslin (Seine-et-Marne). Les racines produisent des exostoses de la hauteur de 30 à 80 centimètres; j'en ai observé six au pied d'un seul arbre; ce dernier perd ses feuilles tous les ans.

Cytise du Jura (*cytisus alpinus* et *cytisus laburnum*). Le premier fait la base des semis de bois sur les sols arides; ses fruits, légumineux, donnent des graines rustiques en abondance; elles sont mûres à la fin de l'été. Sec, le cytise des Alpes pèse 75 kilog. 1/2 le décistère.

Erable (*acer campestris*); sycomore (*acer pseudoplatanus, acer opulifolium*). Sec, le sycomore pèse 76 kilog.; vert, il pèse 90 kilog. : il fait retraite de 1/12 et 1/32 par le desséchement. Erable (*acer platanoïdes*); érable de Montpellier, planté dans les parties les plus arides; érable de Tartarie; érable jaspé (*acer pensylvanicum*), d'une croissance lente. Toutes les graines des érables veulent être semées immédiatement après leur récolte. L'érable cotonneux (*acer triocarpum*); érable rouge, érable de Caroline, érable à sucre. Les graines de ces trois derniers doivent être semées et enterrées légèrement aussitôt leur chute.

En été elles lèvent et donnent de jeunes arbres de 20 à 30 centimètres, la même année. C'est un avantage de deux ans sur les autres arbres de ce genre. L'érable à feuilles de frêne (*acer negundo*), comme tous ceux de cette famille, se multiplie de marcottes et de graines et quelques-uns de boutures. C'est une richesse immense pour les cultivateurs français.

Févier (*gleditzia inermis*). Espèce d'acacia ; ses graines sont mûres à la fin de l'été. Semé sur les sols arides, il fait la base des semis. Sec, ce bois pèse 74 kilog. 1/2 le décistère.

Frêne (*fraxinus europæa*). Le plus utile de tous les arbres des forêts et de toutes les autres espèces étrangères sur les terrains légers, profonds et frais ; il croît bien à l'ombre des autres arbres ; frêne à fleur (*fraxinus ornus*) ; le frêne à fleurs d'Amérique (*fraxinus ornus americana*) ; le frêne à manne (*fraxinus rotundifolia*), arbres propres aux cultures méridionales de la France. Les nombreuses variétés de cette famille augmentent la richesse de l'agriculture française ; semer leur graine aussitôt leur chûte ou les stratifier : une très-grande partie des arbres de cette famille prospèrent sur les sols les plus arides, et beaucoup d'entre eux sur les terrains humides. Sec, il pèse 75 kilog. ; vert, il pèse 91 kilog. ; il fait retraite de 1/16 et 1/64.

Genévrier (*juniperus*), en arbre d'Europe ; genévrier sabine, genévrier de Virginie : arbres à bois incorruptible ; leurs graines restent deux ans sur l'arbre. Placés sur les sols les plus arides, ombragés dans leur jeune âge, ils favorisent ensuite la croissance des grands arbres qu'on leur adjoint.

Gainier (*cercis siliquastrum*). Arbre de Judée et un autre plus rustique du Canada, servant de base pour les semis de bois sur les sols blanchâtres; leur graine reste sur l'arbre jusqu'en automne.

Ginko (*salisburea*), ginko (*biloba*). Grand arbre originaire du Japon, apporté en France par le marquis de Cubières, il y a environ un demi-siècle; il n'a pas encore fleuri en France : il est précieux dans sa patrie, et paraît devoir le devenir en France, où il s'est bien naturalisé.

Hêtre (*fagus*). Grand arbre des forêts : on le trouve à toutes les expositions sur les sols craïeux; il prospère bien sur tous les sols; ses graines tombent au commencement de l'automne; on en fait d'excellente huile : stratifier ses graines aussitôt leur chute. Sec, il pèse 81 kilog. : vert, il pèse 90 kilog. : il fait retraite de 1/14 et 1/128 de son volume (1).

Houx (*hilex aquifolium*). Ses fruits restent sur l'arbre d'une année à l'autre; arbrisseau des montagnes à bois très-dur.

If (*taxus*). Arbre des montagnes du midi de la France, toujours vert, de la famille des conifères; il se multiplie de marcottes et de graines qu'on doit semer aussitôt qu'elles sont mûres; elles lèvent la première et la deuxième année, quelquefois la troisième.

Marronnier (*esculus*). Cet arbre n'est qu'agréa-

---

(1) Quand on coupe le bois de hêtre, il faut avoir soin de réserver quelques brins faibles de 2 à 4 mètres de hauteur sur chaque tronc; cette réserve prend bientôt un accroissement rapide, qui donne des produits importans en bien moins de temps que si l'on coupe à blanc étoc, les souches meurent ou repoussent trop lentement.

ble ; il est originaire de l'Asie ; stratifier ses graines. Sec, il pèse 52 kilog. 1/2 ; vert, il pèse 90 kilog. : il fait retraite de 1/16 et 1/128.

Mélèse (*larix*). Très-grand arbre des montagnes du nord et du milieu de l'Europe ; il perd ses feuilles tous les ans ; le plus utile à placer sur les hautes collines et les terrains arides où les chênes et les châtaigniers refusent de croître. Sec, il pèse 75 kilog. 3/4.

Muriers (*morus papyrus, broussonnetia*). Sec, il pèse 60 kilog. Mûrier noir et mûrier rouge. On les multiplie de graines et par marcottes ; ils prospèrent sur les terrains arides et le mûrier à papier sur les rives des eaux ; leurs graines doivent être semées aussitôt leur chute ; l'époque est indiquée pour plusieurs quand le fruit tombe de lui-même de telle nature qu'il soit ; l'emboîtement par articulation du pédoncule avec l'écorce de la branche, ne recevant plus les sucs nécessaires à la nourriture des fruits, se disjoint, et le fruit tombe ; leur culture doit être isolée sur les routes vicinales.

Micocoulier (*celtis*). Arbre cultivé depuis long-temps dans la France méridionale ; son bois est de la nature de l'orme ; sa culture doit être isolée ; ses graines sont mûres au milieu de l'automne. Le micocoulier de Virginie est plus rustique que le précédent ; il partage les mêmes avantages.

Noisetier de Bysance (*corylus colurna*). Grand arbre de la Turquie d'Europe et d'Asie ; semences mûres à la fin de l'été ; semées aussitôt leur chute, elles lèvent la première et la deuxième année ; noisetier commun (*corylus avellana*), partage les mêmes habitudes par ses semences, mais il n'est propre à être cultivé que sur les sols arides.

Noyer commun (*juglans regia*). Arbre de la Haute-Asie, cultivé isolément en France depuis long-temps, où il s'est très-bien acclimaté ; il y en a beaucoup de variétés. Le noyer de Saint-Jean, qu'on peut greffer en approche avec succès ; noyer noir (*juglans nigra*); très-bel arbre d'avenue, qu'on doit multiplier le plus qu'il est possible ; stratifier leurs graines pour les semer en avril; le noyer se multiplie par la greffe en écusson et en flûte. M. d'Albret, chef de culture au Jardin du Roi, à Paris, réussit toujours dans ce genre de greffe.

Orme (*ulmus campestris*). Très-grand arbre des forêts et de culture isolée ; on en cultive dans toute la France et l'Europe. Le roi François Ier. en a ordonné de grandes plantations en France : aussi ce genre offre-t-il beaucoup de variétés : l'orme à feuilles larges et rudes, l'orme à feuilles très-larges (orme de Hollande), orme à fibres de bois contournées ; son bois est excellent pour le chauffage ; c'est celui qu'on emploie le plus généralement pour les objets aratoires ; ses graines sont mûres au printemps, souvent même avant l'épanouissement des feuilles ; elles sont précieuses pour les semis dans les bois en exploitation ; couvertes d'une très-légère couche de terre, elles lèvent bientôt et donnent des plants de 20 à 30 centimètres dès la première année ; les racines d'orme gèlent à 3 degrés constans en vingt-quatre heures.

Peuplier (*populus*). Ce genre d'arbre renferme

quinze variétés qui offrent de grandes ressources à l'agriculture. Dix d'entre elles prospèrent sur les sols secs et sablonneux : l'ypréau spécialement (*populus alba*), id. *populus canescens*, *populus tremula des bois*, *populus græca*, *populus candicans*.

Sur les sols humides et sur les rives des eaux vives et courantes : *populus hudsonica*, *populus italica*, *populus monolifera*, *populus virginiana*, *populus angulata*: on les multiplie plus spécialement de boutures et par marcottes; les semis s'effectuent sur le bord des eaux limpides stagnantes, où ils végètent vivement. Sec, l'ypréau pèse 57 kilog. ; sec, le peuplier noir pèse 58 kilog. ; sec, le peuplier d'Italie pèse 38 kilog. ; vert, il pèse 94 kilog. 1/2 ; le peuplier de Caroline pèse, sec, 51 kilog. ; leur retraite par le desséchement est de 1/12, de 1/16 et 1/24.

Sapin (*abies*). Les arbres qui composent cette intéressante famille sauvage ne souffrent aucune culture ultérieure à leur semis ; ils ne veulent que naître, vivre et mourir sans douceur ni tribulation : intolérans par habitude, ils ne souffrent rien d'étranger à leur espèce, notamment les mélèses, qui font périr jusqu'aux herbages qui les environnent. Il est utile de cueillir les cônes à la fin de l'automne, et de semer au printemps, au nord; de couvrir les graines d'une légère couche de terre de bruyère. Sec, il pèse 48 kilog. ; vert, il pèse 72 kilog.

Pin (*pinus*). Les pins étendent peu leurs racines ; leurs feuilles, persistantes, sont plus utiles à leur croissance ; elles subsistent de 6 à 8 ans ;

leur tronc ne repousse pas quand il a été coupé ; les plus avantageux à cultiver sont les pins d'Ecosse, le pin sylvestre, le pin laricio de Corse, le pin maritime ou de Bordeaux sur les sols secs et arides du centre et du nord de la France. Le pin à pignon est préférable ; dans les départemens méridionaux, le pin de lord Weymouth, sur les terrains humides ; de toutes ses variétés, j'en ai mesuré et reconnu qui grossissent de 46 millimètres (20 lignes) de pourtour par an, moyennement ; il leur faut des abris, les deux premières années de semis, contre les ardeurs du soleil et les gelées, la paille, la bruyère, les genêts, la fougère et autres substances les moins coûteuses ; les semis doivent s'effectuer à l'exposition du nord, dans la direction de l'ouest à l'est ; les plantes les plus propres à les abriter sont les topinambours, les framboisiers, qui donnent des produits utiles ; les haricots à rames. Ces espèces d'arbres devraient couvrir des espaces considérables sur les collines où il n'y a que quelques centimètres de terre, où les chênes et autres arbres refusent de croître ; en grattant un peu la terre, on y place les graines, qui prospèrent à la faveur des abris naturels ou artificiels : c'est sur les sols à moitié couverts qu'on doit les placer. Sec, il pèse 80 kilog. ; vert, il pèse 118 kilog.

PLATANE (*platanus*). Le platane d'Orient croît sur les terrains secs, légers et profonds ; le platane d'Occident croît mieux sur les terrains humides : l'un et l'autre aiment la fraîcheur ; la croissance du dernier est plus rapide que celle du platane d'Orient ; tous deux sont propres à former des forêts. On les multiplie par marcottes et de graines, qui tombent lors des premières gelées d'automne. La bonne graine se tire des pays méridionaux ; il faut la répandre sur le terrain sans être enterrée, aussitôt qu'elle est battue ; l'arroser si l'atmosphère est sec, et la couvrir de mousse. Les sujets provenus de graines sont préférables aux marcottes. Sec, il pèse 76 kilog. ; vert, il pèse 111 kilog. : il fait retraite de 1/6 et 1/24.

Poirier (*pyrus*). Arbre rustique des forêts ; semer ses graines aussitôt sorties des fruits ou les stratifier en pots, qu'on place alternativement dans la cave quand il gèle, et sous une remise quand l'atmosphère est doux ; les graines des sauvageons sont les plus rustiques.

Pommier (*pyrus malus*). Même culture que le poirier, mais d'une réussite plus assurée. Sec, il pèse 75 kilog.

Robinier (*robinia pseudo-acacia*). Arbre d'une croissance rapide sur les sols les plus arides : c'est un véritable présent fait à l'Europe, propre à être placé en forêts pour en augmenter les produits quinquennaux ; il fait la base des semis de bois ; ses graines tombent à la fin de l'automne et l'hiver ; les rejets de quatre à cinq ans donnent des échalas ou paisseaux, qui durent deux à trois fois autant que ceux de cœur de chêne.

Ronce commune (*rubus fruticosa*). Favorise les semis de bois en les protégeant de son ombre sur les sols arides, où il est utile d'en placer 500 par hectare.

Saule (*salix*) ; le saule-marsault (*salix caprea*), plus que les autres espèces, doit être multiplié de graines; aucun arbre ne s'accommode aussi bien que le marsault de tous les terrains; semé sur des terrains humides, il fournira des plants de 16 à 25 cent. dès la première année; ses graines capsulaires sont mûres au commencement et au milieu de l'été; comme la graine du platane, il ne faut pas l'enterrer, mais la couvrir d'une légère couche de litière de feuilles ou de mousse. On multiplie les marsaults de marcottes. Le saule acumine est semblable, à très-peu de chose près. Le saule blanc (*salix alba*) est généralement cultivé sur les rives des eaux courantes : j'en ai vu dans les bois, sur le bord des mares, qui donnaient de grands produits; ces derniers sont multipliés par plançons. Il pèse, sec, 46 kilog. par décistère. Le saule-marsault, sec, pèse 61 kilog.; vert, il pèse 103 kilog. 1/2; il fait retraite de 1/12.

Sophore (*sophora japonica*). Grand arbre de la nature de l'orme, d'une croissance rapide dans sa jeunesse; ses graines mûrissent au milieu de l'automne, elles sont sujettes à être gelées; dans le climat de Paris, semer sur couche couverte de terre de bruyère, ou sur ados au levant : on a cru remarquer qu'en travaillant le bois de sophore, les émanations en sont purgatives. Il pèse, sec, 75 kilog. par pièce ou décistère.

Sorbier (*sorbus domestica, rhus typhinum*). Grand arbre des forêts, très-rare à présent; de croissance lente; son bois est le plus dur et le plus lourd de tous les bois d'Europe; semer ses graines aussitôt sorties du fruit, ou stratifier avec les mêmes attentions que le poirier. Le sorbier des oiseleurs ou cochene, arbre des pays montagneux et calcaires, se cultive également comme le précédent ; il croît plus vivement que le premier et vit moins long-temps.

Sumac (*rhus coriaria*). Arbre propre à être cultivé sur les terrains absolument arides ; il se reproduit de graines et par racines. Le sumac de Virginie a les mêmes habitudes ; mais il est plus rustique.

Sureau (*sambucus nigra*). Arbre de 5 à 6 mètres, propre à faire la base des plantations de bois ; d'une croissance vive et très-favorable aux produits quinquennaux, sur les terrains secs et arides ; on le multiplie de graines qui précèdent la maturité du raisin, et de crossettes qu'on plante en automne avec des branches de l'année et un talon de deux ans.

Tilleul (*tilia europœa*). Grand arbre des forêts : on tire parti de son bois pour le tour et autres usages ; son écorce est employée à la fabrication des cordes à puits ; ses graines sont mûres à la fin de l'été ; elles lèvent la deuxième année : il est utile de les stratifier. Sec, il pèse 72 kilog. 1/2 ; vert, il pèse 78 kilog. : il fait retraite de 1/5.

Tulipier (*tulypifera liliodendron*). Grand arbre de l'Amérique septentrionale ; on le doit, avec plusieurs autres, à l'amiral la Galissonnière ; on le multiplie de graines, qui lèvent la deuxième année, à moins qu'elles ne soient stratifiées ; semées en automne aussitôt leur maturité, elles lèvent la première et deuxième année, à l'exposition du midi ; en terre de bruyère, transplanté à deux ans, ce plant prospère sur une terre humide et argileuse, où la plupart des arbres refusent de croître. Sec, il pèse 51 kilog.

Thuya occidentalis. Arbre de moyenne grandeur, connu depuis long-temps ; on le multiplie de graines, procédé le plus avantageux pour toutes les espèces de grands arbres ; son bois est regardé comme incorruptible ; il croît rapidement ; sa culture se rapporte absolument à celle des pins et sapins. Le thuya d'Orient est d'une culture plus difficile que le précédent.

La série d'arbres qui précèdent offre les plus grands avantages pour atteindre le plus haut point de prospérité. Les quatre climats ou zônes de la France sont susceptibles d'en recevoir, soit en massifs, soit isolés sur les routes, les chemins vicinaux, les bords des rivières et les lisières des prés.

Semis et plantations.

La voie des semis fournit des sujets en plus grand nombre, de plus belle venue et de plus longue durée que tous les autres moyens de multiplication.

Quatre moyens de propagation des plantes sont employés par la nature et par l'art :

Le premier, de semis ; doit être préféré à tous les autres.

Le deuxième, le marcottage ; fournit des plants enracinés dans les forêts ; qu'on laisse en place après les avoir séparés de la mère qui les a produits.

Le troisième, de boutures ; moyen peu praticable en forêt.

Le quatrième, la greffe en approche ; pour

multiplier les espèces d'arbres qui ne sont pas naturalisées.

La préparation des graines pour les semis consiste à ramasser les plus belles de chaque espèce, qui donnent toujours des sujets vigoureux, au fur et à mesure qu'elles mûrissent et qu'elles tombent; à les stratifier pour leur conservation quand elles l'exigent.

Les premières graines qui mûrissent au printemps sont les graines d'orme; on doit les semer aussitôt leur chute; les deuxièmes sont les graines de marsault, qu'on sème immédiatement; on ne les recouvre que d'une très-légère couche de terre fine, pour qu'elles lèvent plus sûrement. On y étend une légère couche de mousse pour conserver la fraîcheur de la terre, qui favorise la réussite des semis. Le bouleau et l'aune, qu'on rencontre très-rarement sur les sols cultivés, doivent être traités de même que l'orme. Parmi les arbres exotiques, l'érable rouge, l'érable à sucre, ont leurs graines mûres au commencement de l'été : enterrées de suite, ces graines lèvent et donnent des plants de plusieurs centimètres de hauteur, dès la première année; si on les conserve d'une année à l'autre, elles perdent leur qualité germinative.

Les arbres dont les graines mûrissent l'automne sont nombreux, à l'exception des graines d'orme de marsault et d'érable. Toutes les espèces d'arbres portées au tableau des arbres propres à la composition des forêts de France, et au tableau de statistique des forêts, ont leurs graines mûres à la fin de l'été et pendant l'automne; quelques espèces d'arbres toujours verts portant leurs graines deux ans; quelques chênes, les genévriers, le cèdre du Liban, sont de ce nombre.

Pour la conservation de celles qui perdraient leur qualité germinative pendant l'intervalle de leur maturité à celle du semis, la stratification est nécessaire.

La stratification consiste à mettre les graines dans un trou fait en pleine terre, ou dans un pot ou vase déposé dans une cave pendant les grandes gelées, et alternativement sous une remise, quand la rigueur du froid cesse. Si c'est un trou en terre, on place d'abord une couche de graines qu'on recouvre d'une couche de terre, et ainsi de suite alternativement; si on fait la stratification en pot ou vase, on place un rang de graines qu'on recouvre aussi d'une couche de terre ou de sable fin, ni trop sec, ni trop mou; on continue de même à mettre une couche de graines et de sable, et ainsi de suite.

Ce procédé est fondé sur ce que les graines n'ont pas le contact de l'air, et qu'elles ne perdent pas leur eau de végétation, en se desséchant tout-à-fait; elles s'altèrent beaucoup plus lentement; ce qui est conforme à la nature, qui conserve la fraîcheur des graines à l'air libre, à moins que de fortes gelées ne les détruisent; la stratification prévient ce double accident.

Parmi les arbres indigènes dont on stratifie les graines, sont les aliziers, les cerisiers, les charmes, les châtaigniers, les chênes, les hêtres, les micocouliers, les sorbiers, le poirier et le pommier, le sureau et les tilleuls, etc.

Les arbres exotiques qu'on stratifie sont les épines d'Amérique, le genévrier de Virginie, le bouleau vineux, les mûriers, les noyers, le marronnier d'Inde, etc. : du reste, on peut juger facilement à l'inspection des graines, par analogie, lorsqu'on a de l'expérience, si elles sont au nombre de celles qui ont besoin d'être stratifiées, parce que toutes les graines qu'on ne sème pas de suite après leur chute des arbres, conformément au vœu de la nature, gagnent à être stratifiées ; mais l'embarras de l'opération fait qu'on n'y soumet que celles pour qui elle est indispensable ; je ne m'étendrai pas plus sur les semis, puisque mon ouvrage a pour objet d'indiquer les moyens de semis sous bois, sans faire aucune préparation de terrain. (Voy. p. 36.)

Du marcottage.

Le marcottage consiste à ployer et placer en terre à la profondeur de 16 à 24 centimètres (6 à 9 pouces) les rejets d'arbres des années précédentes et de l'année même, auxquels on a fait des incisions annulaires, ou des ligatures avec des fils de laiton, qui occasionent des bourrelets ou exostoses, qui facilitent la formation des racines ; à l'exception du tulipier, tous les arbres à bois blanc se soumettent à cette opération. Après avoir couché les branches en terre, on coupe tout ce qui se trouve sur le tronc, qu'on recouvre de 20 ou 30 centimètres de terre, afin que de nouvelles pousses n'empêchent pas les marcottes de prendre racine après deux ans de végétation. Si les marcottes ne sont pas assez espacées, on plonge les nouveaux rejets à une distance convenable, on les sépare des mères en les coupant radicalement auprès du tronc, et on les découvre; il serait utile de les découvrir chaque hiver si cela n'occasionait pas trop de dépense. Les arbres qui se soumettent le mieux au marcottage sont l'aune, le marsault, le bouleau blanc : isolés, ce sont les ormes, les tilleuls, les saules, les ypréaux; quand ces derniers occupent des parties de forêt, ils servent à rétablir promptement les vides, en employant à cet effet les grands rejets.

La multiplication par boutures ne mérite pas qu'on la recommande dans les bois.

La greffe en fente peut être utile, la greffe en écusson réussit rarement dans les bois; l'ignorance et une curiosité destructive, jointes à l'absence de l'air ambiant, empêchent qu'on ne les fasse avec succès.

La seule greffe en approche peut être pratiquée avantageusement dans les parcs clos; ailleurs il est à craindre que les mouvemens que je viens d'indiquer ne se renouvellent dans les forêts. Il faut toujours ne greffer les unes sur les autres que des variétés de la même espèce, de même genre et par extension des genres de la même famille naturelle; choisir les époques les plus avantageuses au mouvement de la sève; éviter d'opérer par la grande chaleur et le froid; ligaturer solidement et préserver les plaies faites aux arbres du contact de l'air.

Plantations.

La théorie consiste à ne planter les arbres que

sur les sols propres à la plus belle et à la plus vigoureuse végétation de chaque espèce d'arbre ; de si petite étendue qu'elle soit, il faut les choisir et les employer. Cette considération mérite toute l'attention des cultivateurs : dans les mêmes familles quelques genres ne végètent que sur des sols riches en humus, d'autres sur des terrains frais et profonds, d'autres sur des sols humides, d'autres prospèrent d'une manière satisfaisante sur des sols secs et même arides ; les racines de quelques-uns s'enfoncent profondément en terre ; d'autres ont leurs racines traçantes et pivotantes ; quelques-uns les dirigent superficiellement au sol ; dans tous les cas, il faut imiter la nature, et ne planter les arbres que dans des terrains semblables à ceux qu'ils occupent le plus constamment et de la manière qu'ils y sont plantés, soit que leurs racines s'enfoncent profondément ou superficiellement, soit de toute autre manière.

La préparation des terrains a pour objet de faire des trous quelques mois avant la plantation, pour que les molécules de la terre se divisent et s'élaborent ; ils doivent être proportionnés à l'étendue des racines ; effectuer l'arrachis des arbres à feuilles caduques après leur chute ; découvrir les racines sans les mutiler, ainsi que les branches, et les transporter dans cet état au lieu destiné à leur transplantation ; ne couper que les racines dont on n'aura pas pu prévenir la mutilation ; couper les branches latérales de manière à laisser subsister des bourgeons, qui s'épanouissent au premier printemps sans efforts ; ne jamais les étêter, de telle grosseur que les arbres soient, quand on les transplante, et de même tels faibles qu'ils soient. Cette observation est basée sur des expériences nombreuses faites, pendant plus de cinquante ans, par M. Thoüin, et que j'ai pratiquées avec beaucoup de persévérance et avec succès depuis vingt-cinq ans.

Si ce sont des arbres toujours verts, à feuilles persistantes, il est utile de les transplanter de l'âge de trois à six ans : à ces âges, il n'en périt pas dix sur cent ; plus âgés, il en meurt quatre-vingts sur cent. Les époques les plus favorables à la transplantation des arbres verts sont le commencement de l'automne, et le printemps quand les bourgeons commencent à se développer de quelques millimètres, et que les racines ont un nouveau chevelu formé.

Le marronnier d'Inde et l'épine blanche ont cela de commun avec les arbres verts : pour en faire le transport avec économie, si on les prend éloignés du lieu de la plantation, pendant qu'on en fait l'arrachis avec soin, puisque ce genre d'arbres ne veut pas souffrir la serpette ni à ses racines ni à ses branches, on prépare de grands baquets ou cuviers, dans lesquels on délaie une espèce de bouillie, composée d'une dixième partie de fumier de mouton, d'un cinquième de bouse de vache, d'un tiers de terre franche, d'un cinquième d'argile et d'un dixième de sable fin ; le tout mélangé avec une suffisante quantité d'eau de mare ou de rivière ; au fur et à mesure de l'arrachis, on trempe les racines dans la composition à plusieurs reprises, qui forment autant de couches légères qui les préservent de la sécheresse et du contact de l'air; si le trajet est très-long, on renouvelle cette opération en route; les racines des arbres verts, plus que les autres arbres, ont une tendance à se dessécher très-promptement : par ce moyen ingénieux, on économise les frais de transport que nécessitent les caisses ou les pots dans lesquels on élève les arbres le plus ordinairement. Ce moyen, que j'ai fait employer avec succès, est dû à MM. Thoüin, qui ont contribué puissamment à éclairer les cultivateurs de l'ancien et du nouveau Monde.

Observations spéciales.

Quand les arbres destinés à la transplantation ont resté plusieurs jours en route, il faut faire tremper leurs racines dans l'eau, à une température de 3 ou 4 degrés au-dessus de terme glace; s'il gèle, si elles sont ridées et leur épiderme desséché, on les place dans un bain composé de terre limoneuse et de bouse de vache, à l'abri de la gelée pendant vingt-quatre à trente-six heures, suivant que les racines sont plus ou moins fortes; si les arbres ont été gelés en route, on les place dans un endroit où la température ne s'élève que de quelques degrés au-dessus de zéro; on les laisse dans cet état jusqu'à la cessation de la gelée; ensuite on les met dans un bain composé comme ci-dessus, si les arbres ont été renfermés dans des caisses avec des objets fermentescibles, et qu'ils soient échauffés par des pluies qui les auraient pénétrés, ou par une chaleur accidentelle, ces avaries sont plus nuisibles que les autres accidens. Dans ce cas, il faut supprimer jusqu'au vif toutes les petites racines et le chevelu qui se trouve noir intérieurement ; nettoyer toutes les parties avariées des grosses racines, les laisser ressuyer pendant quelques jours à une température douce et abritée des vents secs ; les mettre ensuite dans un bain pendant une demi-journée, et les planter par un temps plus humide que sec.

On a des exemples que des arbres jetés dans une glacière pendant une émeute populaire, ont conservé leur existence pendant deux ans; transplantés dans cet état, ils ont végété et pris une croissance aussi égale que s'ils n'eussent pas souffert.

Greffe en approche et distance à donner à chaque appareil de racines.

Pour être plus assuré de la réussite des greffes en approche, on plante les jeunes arbres un an avant de greffer ; on les place dans la direction de l'ouest à l'est, à la distance d'un mètre à 1 mètre 30 centimètres. Pour être inclinés de 35 à 40 degrés du quart de cercle et unis d'un mètre à 1 mètre 30 centimètres (3 à 4 pieds) au-dessus du niveau du sol, les deux sujets latéraux devront être distans de 3 mètres 70 centimètres du sujet porte-greffe, pour être unis à 3 à 4 mètres au-dessus du niveau du sol à l'inclinaison de 50 à 55 degrés du quart de cercle ; dans les forêts et ailleurs, il est plus naturel de greffer à trois appareils de racines qu'à cinq, parce que, dans ce dernier cas, les branches se multiplient, et le plus grand volume que les feuilles acquièrent expose les arbres à être renversés par les vents.

Greffe-Denainvilliers, en approche sur tige au moyen de l'amputation de la tête des sujets, en biseau long, sur le bourgeon de la dernière ou de l'avant-dernière année ; faire des incisions dans l'écorce de l'arbre porte-greffe en manière de T renversé ⊥ ; y introduire les biseaux des sujets, et ligaturer solidement.

Usages : pour donner une croissance extraordinaire aux arbres, et produire des courbes pour la marine et les arts.

Dénomination : à la mémoire respectable de Duhamel, de Denainvilliers, coopérateur de son illustre frère Duhamel-Dumonceau, dans ses nombreuses et utiles expériences agricoles.

Cette greffe a l'avantage d'être employée utilement à la naturalisation des arbres délicats, étrangers à un climat, sur des espèces rustiques ; ainsi le pin de Jérusalem se greffe sur pin maritime et autres : on doit employer ce moyen toutes les fois qu'on en trouve l'occasion.

Comparaison faite par feu M. André Thoüin sur des frênes venus de graines envoyées d'Amérique et semées en mars 1800, replantés en 1806 dans les mêmes terrains, les uns abandonnés à leur croissance naturelle et les autres greffés : on en a mesuré deux sur un plus grand nombre et on a trouvé les proportions suivantes :

	ÈBÈNE NON GREFFÉ		ÈBÈNE GREFFÉ	
	en 1807	en 1808	en 1807	en 1808
	mèt.	mèt.	mèt.	mèt.
Hauteur des deux individus.....	1,650	2,630	3,940	5,760
Grosseur de la tige au-dessous de la greffe ou de sa place.....	0,055	0,002	0,082	0,101
Grosseur de la tige au-dessus de la greffe, ou a un mètre 1 décimètre au-dessus du niveau de la terre.....	0,051	0,066	0,095	0,163
Nombre des rameaux des deux individus....	dix	douze	quator	tr.-un.
Longueur des mêmes branches..	1 à 3 d.	2 à 6 d.	2 à 15 d.	6 à 12 d.

Le résultat de la greffe en approche a l'avantage de faire croître les arbres de manière à cuber trois à six fois autant que les arbres abandonnés à la nature. (Voyez les échelles de progression et de cubature comparées.) En annonçant l'accroissement du double dans un arbre greffé avec ceux non greffés, M. Thoüin a sans doute omis l'observation que je fais d'après mes échelles de progression ; le nombre et la forme des folioles ne varient pas dans les individus greffés, et ceux qui ne le sont pas ; mais ces mêmes folioles sont d'une ampleur d'un tiers plus volumineuses dans les arbres greffés que dans les autres.

5.

Écorcement des arbres sur pied.

L'écorcement sur pied des châtaigniers, des chênes, 2 ans avant de les couper, transforme leur aubier en bois parfait, et augmente leur grosseur réelle et leur qualité pour tous les usages. En 1737, le 31 mai, M. de Buffon fit écorcer quatre chênes sur pied, d'environ 10 à 13 mètres (30 à 40 pieds) de hauteur, et d'un mètre 62 centimètres à 1 mètre 95 centimètres de grosseur ; il fit enlever l'écorce depuis le sommet de la tige jusqu'au pied des arbres : ils moururent tous dans l'espace de trois ans. Dès la première année, il en fit abattre un mort, le 26 août ; il avait acquis une telle dureté, que la cognée ne pouvait l'entamer qu'à peine ; l'aubier se trouva sec, le cœur humide et plein de sève ; pendant qu'il en écorçait quatre, il en fit abattre quatre autres de semblables dimensions avec leur écorce. Dans plusieurs épreuves de comparaison qu'il a faites des arbres écorcés avec ceux qui ne l'étaient pas, il a remarqué que l'aubier du chêne écorcé est plus fort même que le cœur du chêne non écorcé, quoiqu'il soit moins lourd, et que l'écorcement augmente d'un sixième la force du bois. MM. de Buffon, Duhamel et Varennes de Fenille ont observé que le chêne écorcé était plus lourd dans sa partie supérieure que dans le tronc, le contraire arrive quand les chênes ne sont pas écorcés ; les bois blancs n'acquièrent pas de force par l'écorcement sur pied, d'après plusieurs expériences que j'ai faites moi-même.

Plantations des grandes routes royales et départementales, des rives des rivières et courans d'eau, des lisières des prés et des chemins vicinaux.

L'usage de planter sur les routes à 2 mètres du bord extérieur a prévalu jusqu'à présent : cet usage, nuisible aux cultures, est sans doute basé sur ce que l'ombre des arbres peut nuire au desséchement des chemins; mais on a des exemples qui détruisent cette idée erronée; depuis long-temps les physiciens ont signalé ce vice de plantation. Comment en effet l'ombre des arbres serait-elle nuisible aux chemins de la manière qu'ils sont construits ? L'ombre ne peut leur être préjudiciable que pendant les saisons les plus sèches et les plus chaudes; si les chaussées sont pavées, l'eau n'y séjourne pas.

Si elles sont ferrées, avec des matériaux durs, l'eau s'écoule aussi promptement; les pluies, l'humidité entretenue par les neiges et les profondes ornières qu'on ne répare pas pendant l'hiver, plus que toutes les autres causes, dégradent les chemins pendant cette saison que la nature est dans l'ombre, puisque le soleil ne lance que quelques rayons obliques pendant les gelées.

Il est à propos de changer la manière de planter sur les routes et d'adopter le principe des plantations intérieures, au lieu des plantations extérieures, qui blessent les intérêts des riverains.

Les routes du royaume se trouvent maintenant de quatre mille postes; chaque poste comprenant 8,000 mètres de longueur, en plaçant chaque arbre à la distance de 4 mètres les uns des autres sur les deux rives, il entrera 16,000,000 d'arbres ; en ayant soin de planter un arbre de longue vie entre un arbre de végétation prompte, on aura la quantité d'environ 8,000,000 d'arbres à abattre tous les cinquante ans, qui, divisés par cinquante, nombre des années qu'il faut pour qu'ils atteignent le *maximum* de leur croissance, donneront 160,000 arbres à abattre chaque année, dont le grossissement moyen sera de 41 millimètres (18 lignes par an), ou 13 millimètres 1/2 (6 lignes) de diamètre. En supposant la hauteur de chaque arbre de 21 mètres 27 centimètres (65 pieds 1/2), chaque arbre donnera 8 stères 313 millistères ; les 160,000 arbres donneront 130,010,080 stères de bois sur les routes de poste royale ; mais beaucoup de routes départementales, où la poste ne passe pas, pourraient encore être plantées, ainsi que les chemins vicinaux ; ces deux subdivisions pourraient bien, sans exagérer, donner le double des produits des routes royales.

On doit à M. Rauch, directeur des *Annales européennes*, une excellente idée sur la plantation des rives des rivières, des courans d'eau et des lisières des prés, qui donneraient encore des produits en bois au moins aussi importans que les grandes routes : ainsi chaque année le produit en bois sur les routes, les chemins vicinaux, les rives des rivières et les lisières des prés donnerait 390,030,240 stères 996 millistères de bois pour tous les usages.

Sur les routes et dans tous les lieux où on fait des plantations, il est utile de ne pas oublier ce principe, qu'il ne faut pas mutiler les arbres d'une manière désordonnée en les étêtant et en coupant leurs racines ; il est utile à la belle végétation de les enlever de la pépinière avec attention, et avoir le soin de ne retrancher des racines que les mutilations qu'on n'a pas pu prévenir en les arrachant et laisser subsister aux branches latérales des bourgeons, qui s'épanouiront sans effort au premier printemps, c'est-à-dire tailler en crochets de 15 à 20 centimètres de distance les branches latérales seulement.

Il faut exécuter les élagages ultérieurs tous les trois ou quatre ans d'une manière plus conforme à la saine physique végétale, qui force les arbres à s'élever plus rapidement, à ne pas nuire par leur ombre aux productions des champs et à favoriser le desséchement des routes ; en faisant l'élagage il faut imiter la nature, qui offre dans les grandes forêts des arbres bien élancés et droits ; les branches de ces derniers sont successivement frappées de mort par l'ombre des arbres voisins et par le défaut d'air : ainsi il faut réduire les élagages à la coupe des branches les plus basses, de 15 à 20 centimètres du tronc ; il y aura moins de déperdition de sève qui concourt au ralentissement de leur croissance ; on y verra rarement des chancres et des gouttières ; les arbres seront aussi rarement creux. Il faut suivre ces principes sans s'en écarter, et remarquer qu'un artisan ne sera pas assez hardi pour acheter des arbres d'avenue au-dessus de leur valeur pour le chauffage, dans la crainte de trouver les arbres creux, ce qui les réduit à rien pour les hauts services. Quand on veut élaguer les arbres pour les faire monter, cette opération doit être faite au milieu de l'été, quand la sève est descendante ; les arbres, au lieu de pousser des jets, forment un bourrelet autour des plaies ; c'est dans les pépinières bien conduites qu'on doit aller pour puiser ces leçons ; d'ailleurs, si on soustrait les branches des arbres, on ne le fait jamais impunément, puisque leur accroissement se trouve très-ralenti : il faut bien observer deux arbres à côté l'un de l'autre ; si l'un d'eux a été élagué rez le tronc, son grossissement sera moindre que celui à qui on aura coupé les branches de 20 à 30 centimètres de distance du tronc.

TABLE DES MATIÈRES.

Pag.

Topographie et statistique des forêts de France, contenant les quantités d'hectares dans chaque département et les essences dominantes. 3

Tableau des forêts de France pour servir à la recherche des graines d'arbres étrangères à un climat. 6

De la hauteur des arbres indigènes. 12

Résultats de produits obtenus dans différentes exploitations de taillis, faites dans le rayon de 5 myriamètres (10 lieues) de Paris. 13

Tableau des arbres propres à la composition des forêts de France dans la proportion de cinq mille par hectare, et répartition de ces arbres pour les semis et plantations en transhumance sur les sols humides, sur les sols frais et profonds, sur les sols plus secs que mous, sur les sols les plus arides et sur les hautes collines. . . 27

Mode d'aménagement des forêts par éclaircies et semis en transhumance basé sur une étendue de 1,500 hectares, pendant quinze ans consécutifs, et supposés aménagés à l'âge de vingt-cinq ans. 31

Échelles de progression d'accroissement et cubature comparées des arbres indigènes et exoti

	Pag.
ques, des grossissemens annuels et moyens de 20 millimètres (9 lignes), de 24 millimètres $\frac{1}{2}$ (11 lignes) et de 41 millimètres (18 lignes).	32-33
Explication des échelles de progression.	34
Nomenclature des grands arbres indigènes et exotiques qui peuvent être cultivés en forêts et terrains où ils croissent le mieux; époques de la maturité de leurs graines; leur poids par décistère quand ils sont verts et quand ils sont secs; leur retraite par le desséchement, suivant M. Varennes de Fenille.	36
Semis et plantations.	49
Du marcottage.	52
Plantations.	53
Observations spéciales.	56
Greffe en approche et distance à donner à chaque appareil de racine.	57
Écorcement des arbres sur pied.	60
Plantations des grandes routes royales et départementales, des rives des rivières et courans d'eau, des lisières des prés et des chemins vicinaux.	61

FIN DE LA TABLE.

TABLEAU SYNOPTIQUE D'AMÉNAGEMENT CENTENAIRE DE 200 HECTARES DE BOIS SUIVANT LA NOUVELLE MÉTHODE.

Soient 200 hectares, sur lesquels il faut déduire :
- 8 hectares des âges de 1, 2, 3 et 4 ans qu'on ne peut que sarcler annuellement ;

Reste 192 hectares, sur lesquels il faut ôter un seizième pour haute-futaie à réserver jusqu'à 200 ans, espace assez long pour que les arbres acquièrent autant de volume que ceux abandonnés à la nature en 250 à 300 ans ;
- Ci 12 hectares;

Reste 180 hectares, qui, multipliés par 20, nombre des éclaircies quinquennales, donnent 3,600 hectares, qui, divisés par 100, terme de l'aménagement, donnent au quotient 36 hectares à éclaircir par an, qui, divisés par 20 nombre des éclaircies régulières, donnent au quotient 180 ares à éclaircir chaque année de chaque âge de 5 à 100 ans.

Aménagement centenaire de 200 hectares de bois sur le quart des terrains les plus profonds des Forêts actuelles, où les chênes, châtaigniers, ormes, frênes, acacias, etc., croissent le plus utilement, la cubature des arbres restans sur les sols calculée sur le grossissement annuel moyen de 16 millim. 7 lig. 13/100 par an.
Le grossissement des arbres à abattre est varié suivant les âges d'abatage.

ÂGE du bois.	LONGUEUR du bois en		ARBRES à abattre.	Diamètre moyen.	CUBATURE de chaque Arbre.	CUBATURE des arbres restans sur le sol à chaque période.	Répartition des 36 hect. par 1,80 ares de chaque âge.	ESPÈCES DE PRODUITS des éclaircies, etc.	
	Pieds.	Mètres.						Stères.	Bourrées.
5	5	1,62	9000	0,034	0,001	9,000	1,80	»	2,000
10	10	3,25	8000	0,068	0,011	88,000	1,80	7,000	2,000
15	15	4,87	6500	0,102	0,039	253,500	1,80	35,500	2,000
20	20	6,50	5000	0,136	0,093	465,000	1,80	99,000	2,000
25	25	8,12	4000	0,170	0,181	484,000	1,80	214,000	2,000
30	30	9,74	3000	0,204	0,314	942,000	1,80	125,000	2,000
35	35	11,37	2000	0,238	0,499	998,000	1,80	181,000	2,000
40	40	12,99	1500	0,273	0,747	1197,200	1,80	555,000	3,000
45	45	14,62	1400	0,307	1,009	1112,600	1,80	300,000	2,000
50	50	16,24	1200	0,341	1,470	1664,000	1,80	176,800	2,000
55	55	17,87	1000	0,363	1,832	1832,000	1,80	128,400	2,000
60	58	18,84	800	0,385	2,199	1832,200	1,80	151,200	2,000
65	60	19,49	700	0,407	2,609	1750,300	1,80	166,900	2,000
70	62	20,14	600	0,429	3,112	1846,500	1,80	181,400	1,000
75	64	20,79	500	0,451	3,801	1895,200	1,80	123,600	1,000
80	72	23,39	400	0,473	4,724	1900,500	1,80	131,800	1,000
85	78	25,34	388	0,484	4,730	1949,650	1,80	148,000	1,000
90	80	25,98	376	0,495	4,984	1825,240	1,80	153,500	1,000
95	84	27,28	364	0,506	5,272	1873,084	1,80	27,996	1,000
100	86	27,95	»	0,517	5,908	1919,008	1,80	30,336	1,000
							Produits centenaires...	2,150,512	17,900
								4,362,308	47,920

A 100 ans, les 12 hectares à réserver jusqu'à 200 ans contiendront 200 arbres par hectare, qui cuberont chacun 5 stères au moins ou 12,000 stères; à 200 ans, il n'y aura plus que 120 à 140 arbres où il faut 25 à 30 arbres de 9 stères et 100 à 150 d'environ 2660m environ. Cette réserve sera d'un magasinage profitable chaque jour.

Le produit le plus avantageux en bois des six exploitations que j'ai faites provient de l'aménagement de 26 ans; et le sixième résultat d'essences mêlées ;): a donné 136 stères par hectare et 4,500 bourrées par hectare et fagots. Or, en suivant la même progression, en 106 ans, on recueillerait 544 stères et 18,000 fagots et bourrées; mais il faut remarquer que, 10 ou 15 ans après chaque coupe, l'accroissement des recrûes est insensible, quoiqu'en bon fonds : après cela, il est sont abandonnés à la nature et tout ce qu'on peut tirer des éclaircies est perdu, quoique d'une grande importance. La végétation des brins faibles ralentit la croissance des brins forts ; ainsi plusieurs causes successives mettent obstacle aux produits qu'on devrait obtenir.

On voit que, de 25 à 50 ans, 4000 arbres donnent presque quatre fois autant de produit que 9,000 d'un à 25 ans; de 50 à 75, les résultats sont à peu près semblables à ceux de 25 à 50.
Au moyen de l'aménagement centenaire, les sols sont toujours couverts d'arbres dont l'accroissement est prodigieux,

Aménagement centenaire de 200 hectares sur les trois quarts des terrains médiocres et arides des Forêts actuelles, où le bouleau, l'acacia, etc., mêlés de pins, sapins, mélèzes, cèdres, etc., donneront presque autant de produits que les sols riches, mais d'une moindre valeur, la cubature des arbres restans sur les sols calculée sur le grossissement le 10 millim. 4 lig. 3/100 par an.
Les arbres à feuilles caduques donneront des produits quinquennaux jusqu'à 70 ans.

ÂGE du bois.	LONGUEUR du bois en		ARBRES à abattre.	Diamètre moyen.	CUBATURE de chaque Arbre.	CUBATURE des arbres restans à chaque période.	Répartition de 36 hect. par 1,80 ares de chaque âge.	LONGUEUR du bois en		Diamètre moyen.	CUBATURE de chaque arbre.	ESPÈCES DE PRODUITS des éclaircies, etc.	
	Pieds.	Mètres.						Pieds.	Mètres.			Stères.	Bourrées.
5	5	1,62	9000	0,020	0,000	0,000	1,80	5	1,62	0,016	0,000	»	2,000
10	10	3,25	9000	0,041	0,003	27,000	1,80	10	3,25	0,033	0,002	»	2,000
15	15	4,87	8000	0,062	0,013	104,000	1,80	15	4,87	0,056	0,010	10,000	2,000
20	20	6,50	7000	0,083	0,032	224,000	1,80	20	6,50	0,066	0,021	»	2,000
25	25	8,12	6000	0,104	0,065	390,000	1,80	25	8,12	0,083	0,039	35,000	2,000
30	30	9,74	5000	0,125	0,111	555,000	1,80	30	9,74	0,100	0,098	78,000	2,000
35	35	11,37	4000	0,145	0,179	716,000	1,80	35	8,77	0,100	0,100	»	2,000
40	40	12,99	3000	0,165	0,267	801,000	1,80	30	9,74	0,116	0,100	100,000	3,000
45	45	14,62	2000	0,186	0,380	760,000	1,80	34	10,39	0,133	0,118	153,000	2,000
50	50	16,24	2500	0,204	0,471	942,000	1,80	34	11,04	0,148	0,190	190,000	2,000
55	55	15,27	2000	0,225	0,663	1206,200	1,80	36	11,09	0,165	0,240	»	2,000
60	47	15,27	2000	0,225	0,663	1306,200	1,80	38	12,34	0,176	0,298	»	1,000
65	50	16,24	»	0,236	0,714	1428,000	1,80	40	12,99	0,187	0,357	»	1,000
70	52	16,89	2000	0,247	0,786	1572,000	1,80	42	13,64	0,198	0,419	»	1,000
75	55	17,86	2000	0,257	0,915	1830,000	1,80	44	14,29	0,209	0,492	»	1,000
80	57	18,51	2000	0,269	1,064	2128,000	1,80	46	14,94	0,220	0,547	»	1,000
85	60	19,49	2000	0,286	1,114	2228,000	1,80	48	15,59	0,231	0,645	»	1,000
90	62	20,14	»	0,291	1,335	2670,000	1,80	50	16,24	0,244	0,746	»	1,000
95	65	21,11	2000	0,302	1,469	2938,000	1,80	51	16,56	0,253	0,852	»	1,000
100	65	21,11	2000	0,312	1,609	3218,000	1,80	51	16,56	0,264	0,901	»	1,000
65 1/2	21,30	»	0,324	1,766	3532,000	1,80	51 1/2	16,67	0,275	0,998	»	30,000
							Produits centenaires...					3552,000	78,000
												4,118,800	

comparé avec celui des taillis ; c'est d'après ce système d'aménagement qu'un hectare rapportera, en 100 ans, 2423 stères 1/2, qui, divisés par 5 4/4, donnent au quotient quatre fois autant et une fraction négligée ; le produit des bourrées ne sera pas de 2660m environ. Ici, rien n'est perdu, et en faisant des récoltes abondantes tous les 5 ans, on prépare du vide, que, les arbres remplissent de leurs branches, qui ont une grande influence sur leur accroissement. Il faut observer ici que, le 25 à 40 ans, un hectare s'enrichit de 395 stères et le produit des éclaircies est de 365 stères et 3,333 bourrées; ainsi il est évident que les bois peuvent donner quatre fois plus de produit que par l'ancienne méthode, il faut seulement de l'intelligence et des soins. J'ajoute qu'on peut s'assurer que mes supputations sont basées sur la nature des choses.

Les aménagements vieux actuels sont dus à M. Froidour, qui les a ainsi fixés il y a environ 175 ans. MM. Réaumur et Buffon les ont vérifiés 60 ans plus tard dans les départemens de l'Aisne, Seine-et-Marne, Seine-et-Oise, etc.; ils ont trouvé peu de chose à blâmer alors.

Mais l'observation a fait maître en moi le regret que ces savans n'aient pas vu que l'on pouvait substituer avantageusement les pins et sapins sur les trois quarts des forêts, où ils donneraient des produits plus importans que les charmes, châtaigniers et chênes, qui y végètent rachitiquement.

TABLEAU d'aménagement centenaire des trois quarts des Bois communaux de France, sur des terrains médiocres plantés en pins, sapins, etc., composés d'environ 1,363,636 hectares, 40 ares, qui en donnent environ 13,656 hectares, 54 ares, 40 centiares, à éclaircir, de chaque âge, tous les ans, et la même quantité à abattre définitivement chaque année, en tout 273,130 hect., 88 ares.

AGE.	HAUTEUR DES ARBRES A RÉSERVER.			ARBRES A RÉSERVER.	DIAMÈTRE MOYEN.	CUBATURE DE CHAQUE ARBRE.		ACCROISSEMENT ANNUEL	CUBATURE DES ARBRES RESTANT SUR LE SOL		BOIS A ÉCLAIRCIR CHAQUE ANNÉE ET A ABATTRE.			HAUTEUR DES ARBRES A ABATTRE A CHAQUE PÉRIODE.				ARBRES A ABATTRE A CHAQUE PÉRIODE.	DIAMÈTRE MOYEN.	CUBATURE DE CHAQUE ARBRE.		ACCROISSEMENT ANNUEL.	PRODUIT DES ÉCLAIRCIS ET ABATTAGES DÉFINITIFS.	
ans.	pied.	mèt.	cent.	quantités.	millim.	stèr.	millist.	millistère	stères.	millistères.	hect.	ares.	cent.	pied.	mèt.	cent.	quantités.	millim.	st.	milist.	millistère.	stères.	millistères.
5	5	1	62	136,565,600	54	»	1	»	186,565	600	13,656	54	40	5	1	62	17,070,686	24	»	0	0	85,355	450
10	10	3	25	129,494,914	68	»	11	6 1/2	1,314,443	900	Idem			10	3	25	Id.	48	»	5	1/2	324,343	654
15	15	4	87	102,424,200	102	»	44	10	4,506,664	800	Id.			15	4	87	Id.	72	»	19	3	785,251	556
20	20	6	50	85,353,500	136	»	93	17 1/2	7,937,775	500	Id.			20	6	50	Id.	96	»	46	5 1/2	1,536,563	740
25	25	8	12	68,282,724	170	»	181	26 1/2	12,350,166	800	Id.			25	8	12	7,869,675	120	»	90	9	1,204,045	128
30	30	9	74	60,413,208	204	»	314	49	18,819,757	512	Id.			30	9	74	Id.	144	»	153	13	1,837,219	936
35	35	11	37	52,543,616	238	»	539	62	29,371,881	314	Id.			35	11	37	Id.	168	»	236	16 1/2	2,958,966	576
40	40	12	99	44,674,024	272	»	736	79	33,775,573	144	Id.			40	12	99	Id.	192	»	376	28	4,219,215	710
45	45	14	62	36,804,432	306	1	65	82	39,196,675	080	Id.			45	14	62	Id.	216	»	536	30	5,886,410	160
50	50	16	24	28,934,844	340	1	460	76	31,824,162	400	Id.			50	16	24	2,228,675	240	»	688	32	1,618,055	076
55	55	17	92	26,706,169	363	1	872	76	44,953,947	368	Id.			55	17	92	Id.	248	»	799	55	1,854,257	600
60	58	18	84	24,477,494	386	2	270	83	55,563,991	580	Id.			58	18	84	Id.	256	»	972	26	2,161,582	450
65	62	20	14	22,243,819	409	2	700	89	60,341,811	500	Id.			62	20	14	Id.	264	1	054	21	2,476,354	675
70	65	21	12	20,020,154	432	3	78	89	62,446,057	568	Id.			65	21	12	Id.	272	1	134	20	2,984,990	750
75	70	22	77	17,791,469	455	3	623	111	64,671,009	496	Id.			70	22	77	Id.	280	1	290	31	3,055,485	950
80	75	24	56	15,563,794	478	4	84	127	65,523,009	691	Id.			75	24	56	Id.	288	1	312	31	3,549,508	150
85	80	25	98	13,334,119	515	4	822	200	66,525,919	496	Id.			80	25	98	Id.	296	1	408	27	5,421,154	950
90	84	27	88	11,105,444	534	6	36	211	67,032,459	980	Id.			Idem.			Id.	304	1	634	21	5,853,360	75
95	86	27	93	8,876,700	564	7	93	220	62,094,555	109	Id.			Id.			Id.	322	1	759	20	»	»
100	86	27	93	»	595	7	778	131	»	»	Id.			Id.			Id.	595	7	778	137	69,042,972	600
Totaux				895,615,381					721,191,545	752	273,130	88	00				158,794,569					115,754,897	546
																	8,876,700						
																	158,794,569						

SOUS PRESSE:

Pour paraître à la fin de Septembre.

Tableau Synoptique et Statistique de la population actuelle de la France, comparée avec celle du département du Nord.

Moyen d'avoir toujours de l'eau chaude sans aucune dépense.

www.ingramcontent.com/pod-product-compliance
Lightning Source LLC
Chambersburg PA
CBHW070305100426
42743CB00011B/2352